阅读成就梦想⋯⋯

Read to Achieve

心灵三问

伦理学与生活

[美] 詹姆斯·斯特巴（James P. Sterba） 著

李楠 译

INTRODUCING ETHICS

For Here and Now

中国人民大学出版社

·北京·

　　每天，你几乎都要做一些关乎伦理或道德方面的选择，但是这些选择的结果又如何呢？这本书可以帮你作出回答。它以对伦理学的三个质疑为开端，质疑伦理学能否提供给我们借以做出选择的独立知识这一可能性：（1）道德是由宗教而非由理性决定的；（2）道德都是相对的；（3）还是做个利己主义者比较好。很多人认为这些质疑中的一个或者几个都是正当的——就算只是为了这个原因，这些质疑也应该被好好思量一番。如果本书能够成功地回应这些质疑（至于事实是否如此，这取决于作为读者的你的看法），那么接下来探讨的内容——作为独立的知识源泉，这三个传统的伦理学理论论述至今方兴未艾——才有意义：（1）功利主义伦理学（关于将实用性最大化的理论）；（2）康德伦理学（关于敦伦尽分、各尽其责的理论）；（3）亚里士多德伦理学（关于道德自律，做个正人君子的理论）。我们要判断是否其中一个是优于其他理论的（同样，又该你做出判断了，且能否为这几个理论举出更恰如其分的例子）。

　　本书着重讨论这三个针对所有的传统伦理学概念产生的质疑：（1）来自环境主义方面的质疑（传统伦理学对非人类生物

存在偏见）；（2）来自女权主义者的质疑（传统伦理学对女性存在偏见）；（3）跨文化方面的质疑（传统伦理学对非西方文化存在偏见）。假设伦理学的一些想法和观念是情有可原、缜密可靠的（同样，又轮到你来判断是否属实），你应该能很好地对那些生活中自行涌现的道德和伦理问题做出选择和判断，并做得很好。这就是你要阅读此书的原因，它旨在帮助你成为一个道德更为高尚的人，或者成为一个品行端正的人。

近来，在当代道德哲学和政治哲学中，针对自20世纪70年代中期以来哲学家一直为之争论不休的议题，很多作品和研究都试图对其进行调和，解决这一纷争。此外，哲学家还做了很多额外的工作来扩展理论，应对来自女权主义者、环境保护主义者和跨文化研究领域的重要质疑和挑战。在他们所取得的成果的基础上，现在再来撰写一本伦理学的入门书籍，时机是再合适不过了。

最重要的是，本书试图做到主题相关和易于理解，尤其是对于哲学新入门者而言。如果不能做到用相关的事例和易懂的论据进行传达和表述，那么伦理学研究方面取得的进展，将变得毫无用处。为使其能让读者更易于理解和接受，我要把如下的事例和其他论据融入本书的写作中：奥萨马·本·拉登和"9·11恐怖袭击事件"，《圣经》中的亚伯拉罕和以撒的故事，动物实验，工厂化养殖，外来物种，女性割礼，印度教中的"萨蒂"殉夫，胡志明和越南战争，因纽特人安乐死的做法，伯纳德·麦道夫的庞氏骗局，美国第七任总统安德鲁·杰克逊和洒泪之路，男性/女性的性别角色，希特勒统治下的纳粹德国，桑德克里克大屠杀，使用酷刑，美国的工资差距，传统家庭模式，美国入侵伊拉克和推翻萨达姆政权。

那么好了，你现在做好提升伦理道德选择能力的准备了吗？那就开启你的阅读之旅吧。

目 录

伦理学貌似和其他探寻世界真理的学科有所不同。毕竟在当下，托勒密（约 100 年—170 年）、哥白尼（1473 年—1543 年）或者艾萨克·牛顿（1642 年—1727 年）的拥护者已经难觅踪迹，尽管这三者都声称掌握了有关天体的物理运动原理的真谛。同样，现在再也没有重商主义者和重农主义者，尽管在 18 世纪这两者同样也声称掌握了微观经济学的最佳理论。然而，现在我们依然能够找到譬如像亚里士多德（前 384 年—前 322 年）、伊曼努尔·康德（1724 年—1804 年）和约翰·斯图尔特·密尔（1806 年—1873 年）等学者的拥趸，这些学者也都宣称明晰了伦理学的要义。虽然在其他学科领域也还存在着重大意见分歧，伦理学领域内的歧见貌似程度更甚。

当然，对这一现象的解释之一是，伦理学理论本身就是言之无物、几乎毫无建树的。这就可以解释，为什么过去提出的如此之多的伦理学理论，直到今天依然有人拥护。鉴于此，伦理学从理论渊源上就缺少了能与争论中的理论辩驳的基础，进而只是作为生活性的选择而存在。很显然，这一解释并不能使伦理学获得有力的支持。

幸运的是，还有一个更为合理的解释：那些传统的伦理学理论，不管是亚里士多德、康德和密尔的也好，还是诸如此类的伦理学观点也罢，都已经被修订和革新得面目全非，与肇始之初的观点已然大相径庭了。亚里士多德伦理学赞同奴隶制，认为女性是处于从属地位；康德拥护种族主义，同样也认为女性处于从属地位；密尔支持殖民主义——但是放眼当今世界，很难看到还有人依然支持这样的观点。当代支持者所拥护的乃是对亚里士多德、康德和密尔的伦理学原创理论的改良版。正如其他知识领域的发展轨迹一样，这就为伦理学理论的发展前行留出了空间和余地。从这种意义上来说，伦理学同物理学和经济学都是一样的。

我们为什么需要学习这门学科

然而，既然伦理学是一个在不断发展前行的学科，那为什么我们还需要了解它所提供的知识呢？毕竟我们都有充分的理由，可以对很多领域的知识视而不见、充耳不闻。为什么我们就要选择学习伦理学呢？

这是因为，在一个重要的方面，伦理学仍然是迥异于很多其他学科的。尽管它们的知识弥足珍贵，但是我们大多数人即便不掌握这些特殊领域的知识，比如亚原子粒子方面的物理学知识或者宏观经济学知识，也可以生活得很好。然而与这些学科不同的是，伦理学在我们生活中是不可或缺的。正如在前言中所提到的，我们几乎每天都要做出道德选择和判断。即使有时候并未付诸行动，或者行动失败了，我们都在做一些随后要为之负责的道德选择。考虑到我们并不能逃避做出选择和判断，如果能掌握可以帮我们做出最佳判断的理论当然是大有裨益的。

如果换一种稍微不同的方式开始陈述伦理学的重要性的话，那就是我们中的大多数人都会觉得自己是道德高尚的正人君子。然而，如果真要达到这种境界，我们就需要了解伦理和道德的标准是什么（伦理和道德此处为同义词）以及如何将其适用于我们生活的特定环境。这样就需要我们有能力评估身处其中的社会中的经济和司法体制是否公正——换言之，这个社会的收入和财富分配，以及这种分配的实施方式能否保证人们获得自己所应得的部分。我们还应该能够评估其他社会机构，比如像我们的国防体系、教育体系以及我们的外交援助项目，是否是公正和正义的。如果不对这些体系进行评估，并且基于已知情况做出一个明达的结论，我们就不能断言自己比犯罪者或者社会中那些不当得利者更为高尚。

想一下美国的印第安保留地。在今天的美国社会，印第安保留地中的很多人都生活在贫困中，疾病肆意蔓延，这一点和第三世界的情形很为相似：

- 在南达科他州的松树岭保留地和亚利桑那州的图霍诺·奥哈姆保留地（超过60%的家庭没有供水设施，而这种家庭在全美国只占2%），贫困率几乎是全美国的5倍；

- 在松树岭保留地，人们的平均寿命是 50 岁，而美国人的平均寿命则为 77.5 岁；

- 在松树岭保留地，青少年的平均自杀率是美国同龄人的 4 倍，婴儿死亡率是全国平均值的 5 倍。

现在，我们如何将这些有关松树岭保留地的事实，与我们所声称的公正和正义进行匹配？如果这种情形仍将在松树岭保留地持续，那么美国的收入和财富分配是公正的吗？如若不是，并且如果我们碰巧都从美国的收入和财富分配中获得显著收益，那么即使我们不是社会不公的犯罪者，岂非也是不当得利者？

或者，假设一些来自松树岭保留地的印第安人出现在你家门口，或者出现在你宿舍门口寻求帮助，你是否会将他们轰走，并且觉得自己这么做是无可厚非的？还是会受道德的驱使对他们施以援手呢？如果他们只是给你寄来一封求助信呢？这两者会有区别吗？如果有，那么这两者有什么不同呢？那如果出现在你门口的人，抑或给你寄信的人不是来自松树岭保留地，而是来自孟加拉国呢，这两者会有区别吗？又会有什么不同呢？

当然了，像其他能够举出的例子一样，这个例子指出了伦理学知识的重要性，它是我们在生活中做出关乎道德的必然选择时所要倚仗的。显然，我们需要本书能够提供的知识。继续阅读吧。

有关伦理学的三个质疑

我们需要从解答这三个质疑说起，它们否认伦理学本身能够为我们提供的、现在以为确定无疑的知识，而这些知识是我们做出正确选择时所必须具备的。

第一个质疑来自宗教。这个质疑否认了伦理学是道德规范的独立源泉。这种观点认为，一切道德规范都是来自上帝的命令。事情的是非对错，仅仅是基于上帝的命令来进行甄别判断。如果这个质疑是正确的，那么伦理学就是包含在宗教的范畴之内的，那么它就没有独立地位可言了。

像第一个一样，第二个质疑也否认伦理学为道德规范提供了独立的来源。然而，这一质疑来自于文化，是来自道德相对主义的质疑。这种观点认为，文化是一切道德规范的来源；所有的道德规范都只不过是特殊文化的产物，仅仅与生活在该文化背景中的人有关，也只对他们适用。因此，伦理学也没有独立地位可言。

第三个质疑来自于利己主义，较之前两个，它有过之而无不及——声称道德规范根本就是子虚乌有，而并非像我们所理解的那样，有时要为了他人的利益自己作出牺牲。其他两个质疑并不否认我们平常所理解的道德规范的存在，它们只不过认为其他事物（一个是宗教，一个是文化）是那些规范的源泉。然而，利己主义则更进一步，甚至否认道德规范本身的存在。它主张，所有我们能做（心理利己主义）或者所有我们应做

（伦理利己主义）的，只不过是出于对自身利益的考虑，而非为了他人。这种观点认为，正如我们通常所理解的那样，伦理学有时要求我们牺牲自己去成全他人的利益，要么是一种妄想（心理利己主义），要么就是一种骗局（伦理利己主义）。

传统伦理学的三个观点

如果本书能够成功地应对来自宗教、道德相对主义和利己主义的质疑，与此同时也能够证实伦理学为我们做出道德选择提供了独立的知识源泉（至于是否如此，需要你作出判断），那么接下来所探讨的内容——即像本书接下来所做的这样，探讨作为独立的知识源泉、并且迄今为止仍拥有大量拥趸的传统伦理学的三个主要观点——功利主义伦理学、康德伦理学和亚里士多德伦理学——才会有意义。

功利主义伦理学要求我们，无论选择采取何种行为或者施行任何社会政策，都要确保该行为和政策能为所有相关人员带来最大化的效益。通过对一系列案例的广泛讨论，从当代的虐囚案例到洞穴探险队员困在山洞内又适逢洪水上涨这一虚拟案例，我们对这一观点的优劣进行了各种考量。那么在最经得起质疑的道德层面，此处试图对这一观点评估。

康德伦理学要求我们，我们行事需要与绝对命令相一致，因为它是一个可以同时被承认为普遍法则的第一准则。此处再次引用了一系列广泛的案例，以便对此观点进行一个最经得起道德质疑的解读。对于康德伦理学有两个最有影响的解读：福利自由主义和自由主义，此处对这两种观点均进行了考量。因为其貌似能为印第安松树岭保留地的出路提供一个合理的道德解决方案。

亚里士多德伦理学与其说是一个行为规范，不如说是一种关乎存在的理论。这样看来，它似乎与功利主义伦理学和康德伦理学均有所冲突。然而，通过对案例的分析，以及在最经得起道德质疑的解读之后，这些观点貌似有很多吻合之处。安·兰德（Ann Rand）通过文章和小说，表达了她对亚里士多德伦理学的解读，她的观点同康德伦理学和功利主义伦理学截然相反，但是也从细节上对其进行了仔细解读，因为它同以一种道德的方式解决松树岭保留地问题有着直接关联。

本书的章间小结部分指出，这三种传统伦理学理论，如果对其在道德层面加以最合理的解读，就不难发现，它们终将在道德规范的实操层面指向相同的问题。如果这一情况属实，我们所需要做的就是运用这些理论来判定那些能够广为接受的实操层面的道德规范是什么，从而进一步提升我们的能力，以做出更为道德的选择。

但是这样一来还有一个问题。这些传统伦理学理论，不论是功利主义伦理学、康德伦理学或是亚里士多德伦理学，都因其道德上的局限性而遭到各种质疑。这些质疑来自于环境主义、女性主义和多元文化主义等。很清楚的一点是，如果传统伦理学理论在当今乃至将来还想继续发挥作用，帮助我们做出合乎道德的选择，就必须迎接和应对这些新的质疑和挑战。

伦理学的另外三个质疑

来自于环境主义、女性主义和多元文化主义的质疑，跟本书开篇所提到的三个质疑大相径庭，悬殊颇大。本书开篇所提到的质疑，即来自于宗教、文化相对主义和利己主义的质疑，均试图证明伦理学并非道德规范的独立来源（它们将伦理学仅仅视为上帝命令的产物，或者是某个特殊文化的产物），或者干脆就否认道德规范的存在（利己主义）。与此相反，环境主义、女性主义和多元文化主义对待伦理学更为温和宽容，它们并未决意削弱伦理学，或者否认其存在。相反，它们的诉求在于传统伦理学在道德层面需要进一步提升，以杜绝歧视和偏见。女性主义尤其质疑在传统伦理学中男性视角的广泛存在，声称要铲除男性视角，纠正对女性的偏见；环境主义认为在传统伦理学中存在对人类的偏爱，试图对其进行纠正；多元文化主义则坚称在传统伦理学中存在对非西方文化的歧视，也试图纠正这一观点。

结束语

如果来自环境主义、女性主义和多元文化主义的质疑能够得到合理应对（再次，你需要自行判定是否如此），那么在我们的日常生活中，每当需要做出道德选择之时，也需要对功利主义伦理学、康德伦理学和亚里士多德伦理学的共同理论源泉加以充分利用。最后一章即是对什么情况下需要运用这些理论进行了评估。

第一章

宗 教 和 道 德

苏格拉底在柏拉图的《欧蒂弗罗》中提出的
中心问题：究竟行为之正当是上帝命令这样做，
还是做上帝命令之事，是因为它是正当的？

道德是有赖上帝的意志。在他们看来，某个
崭新的、不同的道德观，全都有赖于上帝发出一
个崭新的、不同的道德指令。

如果多数群体的意志在道义上是正当的，就
必须始终存在一个使人能够接受的程序性和客观
性的理由，并在两相结合之下，为要求少数服从
多数的意志提供一个充分的、合理的理由。

欧蒂弗罗困境

在柏拉图的《欧蒂弗罗》(*Euthyphro*)一书中,苏格拉底提出了一个有关道德的终极问题,对这一问题我们可以做如下表述:

- 究竟行为之正当是因为上帝命令这样做;
- 还是之所以做上帝命令之事,是因为它是正当的。

就第一个选项而言,道德从根本上是有赖于宗教的。就第二个选项来说,道德根本是独立于宗教而存在的,即使是上帝——如果有上帝的话——也要承认其存在。

在这一对话中,苏格拉底巧妙地让欧蒂弗罗赞同第二个观点,坚称因为某种行为是正确的,上帝才命令人类去做。因此,道德根本是独立于宗教而存在的。时至今日,这一观点仍为许多信教者奉为圭臬(通常,倒也并不总是),也为无神论者和不可知论者所信奉。然而,第一个选择,即一个行为之所以是正确的是因为上帝命令了它,因此,道德从根本上是依赖于宗教的,同样也有自己的信徒。他们被称为"神命论者",因为他们只是将道德视为上帝命令的产物。

为了证明这一观点,神命论者经常引用《圣经》中的故事。在《旧约·创世纪》中,上帝跟亚伯拉罕说:"你带着你的儿子,就是你独生的儿子,你所爱的以撒往摩利亚去,在我所要指示你的山上,把他献为燔祭。"亚伯拉罕依言而行,正当一切收拾停当,举刀要杀以撒的时候,上帝的使者制止了他,从天上呼叫他说:"现在我知道你是敬畏神的了,因为你没有将你的儿子,就是你独生的儿子,留下不给我,"随后又告诉他说,"你既行了这事,不留下你的独子,就是你独生的儿子,我便指着自己起誓说:'论福,我必赐大福给你,论子孙,我必叫你的子孙多起来,如同天上的星、海边的沙。'"

在这个故事中,亚伯拉罕并未像之前在上帝意欲毁灭所多玛和蛾摩拉两座城市时他所做的那样,向上帝提出祈求。彼时,亚伯拉罕为城市求情:"假若那城里有五十个义人,你还剿灭那地方吗?"。他一直祈求下去,上帝最终将条件降为十个义人。照此来看,亚伯拉罕还是展示了同上帝争辩和祈求的意愿。

然而,就上帝要求其将独子献做燔祭一事,他并未违背上帝的意志。相反,他立即不折不扣地照此执行。最终,上帝并未要求亚伯拉罕杀子献祭。上帝很满意他的虔诚,并为此赐予他丰厚的赏赐。

在这个故事中,亚伯拉罕险些将他的儿子杀死。这一故事常被神命论者拿来做例子。它旨在展示我们可能认为是错误的一个行为——故意杀死自己无辜的孩子——如果是出自上帝的要求,那么它就是正确的。

中世纪神命论的发展

在中世纪,奥卡姆的威廉(1280年—1349年),又将这一理论进行了明晰的扩展,将其延伸至对其他行为的分析:

上帝所憎恶的盗窃、通奸以及同这些类似的种种行为……如果受到神的戒律，蒙神指示，尘世的朝圣者也能很完美地执行。

　　为了支持相同的观点，另一位中世纪的哲学家托马斯·阿奎纳（1225年—1274年），也做出了类似的解释：

　　通奸是指同别人的妻子有染，而妻子是由来自上帝的律令分配给他的。因而，若是奉了上帝之命，那么同任何女人有染都不构成通奸或者私通。同理，这也可以应用于盗窃，即将他人财物据为己有。如果是奉了上帝之命，不管是窃取何物，取自何人，都不算违拗物主的意愿。

　　那么，此处奥卡姆的威廉和阿奎纳所说的意思是，有些事情在人们先前的认识中本是错误的，比如蓄意杀害一个无辜的人（就像以撒的例子）、盗窃、通奸，甚至是上帝所怨恨的。但是一旦这些行为是出自于上帝的命令，那人类就必须不折不扣地照做。这是因为，首先它们之所以是错的，是因为上帝没有作此要求。一旦上帝转而命令这些行为，即上帝要求做，而非不做，那么这些行为的道德属性就会从道德所禁止的转变成道德所要求的。

创世中的道德依赖

　　神命论者试图证明道德是有赖于上帝的，并且他们辩护说道德只仰仗于上帝的意志。但是如果一个人仅仅想证明道德是有赖于上帝的，还可以有另外一种方式，而不必认同神命论的观点。他所需要做的，不过是要说明道德有赖于我们的天性以及我们所生活的环境，并且可以进一步说，因为是上帝通过创世使我们得以存在，因此人类的天性和生活环境完全是取决于上帝的创造。因为道德取决于我们的天性和生活环境，那么在这个意义上，可以说道德也是依赖于上帝的，或者反过来说，因为上帝创世才依赖于上帝而存在。

如果从这一观点出发，上帝也可以变更人类的命令，但是这要通过对人类的天性或者生活环境进行恰当的改变才能实现。这是因为，如果人类的天性或者生活环境没有发生改变的话，我们的能力和机会仍然同之前没有区别，因而，依赖于之前的能力和机会的道德也就同之前分毫不差。如果上帝打算适度地对人类的天性和生活环境加以更改，那么道德也就会随之作出相应的改变。

那么说，假设上帝意图改变人类的本性，这样一来，如果有人将匕首捅入他人的心脏，那么受害人会立刻死去，但是之后又能重新复活，非常愉悦、毫无阴影。当然这样一来，我们就有了一则全新的道德规范：你尽可以经常性地将匕首捅入别人的心脏。同样，如果上帝意欲改变我们的生活环境，届时物质变得极大丰富，那么当今所禁止的盗窃行为也就不再适用了。所以，从这一观点来说，鉴于道德是由人类天性或生活环境所决定的，一旦通过适度改变人类天性或者生活环境，上帝就能改变道德规范。

然而，神命论者一般都对辩称因为上帝创世、创造了我们的天性和环境，因而道德有赖于上帝这一观点不太感兴趣。他们认为，任何重要行为的道德地位，比如故意谋杀一个无辜的人、通奸、乱伦或者盗窃，都能通过上帝的命令，而不用通过改变我们的天性或者生活环境这一先决条件得以改变。因而在这个意义上来说，道德是有赖上帝的意志。在他们看来，某个崭新的、不同的道德观，全都有赖于上帝发出一个崭新的、不同的道德指令。

神命论的几个问题

有三个问题，是神命论者所必须要厘清的：

1. 我们怎样来理解上帝的指令呢？
2. 上帝创世可以用来解释神命论的正当性吗？
3. 我们怎样辨别上帝的指令？

让我们来逐一审视一下这些问题。

我们怎样来理解上帝的指令

假设我们有一个有关上帝指令的清单，我们应该作何理解？我们或许会认为，上帝像是一个只有一个人的立法机构，而我们就好比是政府的司法和行政部门。作为只有一个人的立法机构，上帝会发出指令、制定法律，而作为政府的司法和行政部门的我们，会对指令和法律作出解读，并且加以执行。

当然，这其间也存在差异。在对法律作出解读的时候，美国的司法部门通常会费力揣测立法机构通过该项法案的目的何在，并且判断这一目的是否与宪法相违背。有时候，美国司法部门会判定某项法案违宪而予以驳回。

然而根据神命论者的理论，在上帝指令面前，人类根本没有类似的角色。比如说，我们并不能因其不合乎人类的某些道德规范，而对上帝的任何命令加以反驳。那么在神命论的观点之下，我们在解读和执行上帝的命令方面所发挥的作用就会极其有限。即便如此，在理解我们所面临的角色时，仍然会有些难度。

这或许是因为神命论本身就充满了悖论。那么，假设我们获得一条指示，告诉我们应该喜爱和照顾我们的家庭成员；另一条指示则是，我们应该帮助那些值得救助的穷人。显而易见，这两条命令就会发生冲突：我们是应该用手中有限的资源为我们的家庭成员提供一些奢侈品，还是用这些资源来帮助那些值得救助的穷人，给他们提供一些生活必需品？此处我们貌似需要一些背景理论将两种情形下可能购得的物品进行比较，同时将两个竞争性的任务加以甄别，然后得出一个倾向性的结论，到底应该采取何种方案。

然而，在面临此类冲突的时候，神命论无法为我们提供这样一个背景理论。在这一理论中，所有的命令都是必须要完成的，仅仅因为这是上帝的意志。来自上帝的指令之间的冲突，只能通过衡量哪个指令优先之后，再加以妥善解决。在神命论者看来，两种办法都有可能。那么这样一来，我们也就无从作出判断，因而在解读和执行上帝指令的时候，我们所剩的发挥空间就非常有限，进而在面临冲突的时候，就会茫然无措、无所适从。

上帝创世可以用来解释神命论的正当性吗

鉴于神命论者并没有将道德基础建立在人类天性或者生活环境的基础之上，他们只是想诉诸这一观点，即上帝作为创世者，拥有对我们做出无限的、任何道德指令的权力。他们认为，因为我们都是上帝造人的产物，因此除了遵从上帝的指令，我们没有其他更为正当的选择。但是如果上帝造人说成立的话，一个有关生育的、与之相似的论点似乎也应该是说得通的。

类似生育方面的争论是，孩子是父母的，尤其是母亲的产物。假设一位育龄妇女，接受了免费给予她的一枚精子之后，就能够仅仅凭借自己的身体和养分养育一个孩子。在生育过程中所需的物质，不过是一枚精子和一枚卵子而已，而这两种物质本身，被认为价值是微乎其微的。然而在这个女子将两者在体内合二为一之后，生育这一行为就像一个典型的例子，即创造就使其拥有了对创作物的所有权。但这就像农夫拥有他的谷物，建筑师拥有设计蓝图，艺术家拥有其作品一样，女性也拥有对自己孩子的所有权。但是至少在今天，女性的生育行为仍然没有被视为是自然而然地拥有了自己孩子的所有权。一旦一个人的生产性劳动的产品是人，与其他行业不同的是，她并不被视为自然而然地拥有了对自己孩子的所有权。此外，随着儿童日渐成熟，家长对子女的监护权会日渐淡薄，直至最后消失殆尽。

那么，凭什么我们就要认为，只是创造了一次世界，上帝就对我们拥有无条件的、无限期的权力呢？而同样是创造生命的生育过程，却无法找到类似的情形。很显然，我们并不将这一生殖的过程同人类其他的生产活动一视同仁，并不认为它们拥有同样的所有权。那么我们何以就认为上帝创造人类这一行为，就能拥有与人类的生育行为大为迥异的后果呢？

我们此处就三种创造行为进行了比较：神创世、人类繁衍和人类生产活动。就这三种行为的生产性而论，人类繁衍同上帝创世非常类似，而同其他生产活动有所区别。神创世是从虚无中创造了价值，而人类的繁衍行为则是从微乎其微的价值中创造了更大的价值。如果生产力首先是意味着拥有了对生产物品的所有权，那么女性，较之农夫所生产的 N 多蒲式耳的玉米而言，更加无可辩驳地拥有对其子女的所有权。但如果我们不能得出这一结论的话，那是因为我们认为人类的繁衍行为并不意味着拥有对后代的所有权。如果人类繁衍后代的行为是这样的话，神创世也应该被同等看待。因此，神创世并不能拥有对人类的权力。这就说明了，正如人类并不拥有对其子女的所有权一样，人类是由上帝所创造的这一观点，也并不足以支持神命论的这一特权。

我们如何辨别上帝的指令

神命论的另一个问题是要作出判断，什么是上帝真正要求我们去做的事情。似乎神命论者的观点是这样的：他们认为上帝是经由某个特殊的个体或者群体来向人类发出特殊的启示。但是，如果上帝的命令仅为少数人所知，那么其他人将如何得知指令到底是什么，他们又该在何时遵从命令？或者，人们只能遵从合乎道德和理性的指令。

更为复杂的原因是，不同的个体和群体都声称自己是特殊启示的接收者。而这些接收者声称所接到的启示各不相同，道德规范也相互冲突。当然了，如果这些人中有人获得了权力，他们或许就会迫使其他人服从。但是这样一来，其他人就没有独立的理由，只能被迫地接收强加给他们的命令。

被彻底颠覆了的神命论

为了应对神命论的这一系列问题，一些神命论者对来自上帝的一般启示和特殊启示做了甄别，在斯蒂芬·埃文斯（Stephen Evans）看来：

一般启示是指有关上帝的知识，这些知识是上帝通过观察自然界，以及通过对普遍存在的人类经验的反馈，才使其成为可能的。

这当然是将创世视为一个相对独立的道德规范的根源。更为重要的是，它可以从根本上动摇神命论的影响。神命论创始之初，道德规范仅仅是由上帝的指令所规定的。上帝无需对我们的天性或者生活环境作出更改，只是通过发出不同的道德指令，就可以对事情的是非对错作出规定。

然而面对相互冲突的特殊启示，神命论者还能做何选择呢？很显然他们有必要诉诸一个共同基础，以解决不同的特殊启示之间很明显的规范冲突。共同基础是由存在于我们天性和生活环境中的规范要求（比如，该做与不该做的事）所构成的。神命论者也经常声称，他们所青睐的特殊启示对这些规范要求作了非常精准的解读。与此同时，无神论者和不可知论者也能够接受根植于我们天性和环境中的规范要求，将其视作道德规范的唯一基础。不过，对于笃信宗教的人而言，却存在两种道德规范的源泉：

- 一是根植于我们天性和环境中的规范要求，或者换言之，只能应由理性所获知的道德规范；
- 二是从特殊启示中可以获知的道德规范。

宗教和公共领域

出于试图解决这一问题的目的，当代哲学家约翰·罗尔斯（John Rawls）曾论证说，在公共领域，公民应该在公共理性的框架下就根本问题进行讨论，诉诸理性，即"将会合理地获得他人的认同"。身处一个自由和多元社会中的公民，像其身处的这个社会一样，似乎不能被合理预期地分享这一宗教观点。罗尔斯建议说，在一个类似我们这样自由和多元的社会中，在就根本问题进行公共辩论的时候，对公共理性的依赖就应该将任何宗教因素排除在外。

罗尔斯进一步指出，通常情况下，公民"能够"和"准备"互相解释，他们所赞同和支持的原则和政策能够由公共理性加以证实，或者至少，他们需要适时作出解释。然而在私人领域，我们的行为只能影响我们自身以及其他同样的成年人，罗尔斯却认为不应对纯粹的宗教理由加以同样的限制。

那么罗尔斯的这一观点，即在公共领域中就根本问题进行讨论的时候，彻底排除宗教因素到底是否正确呢？对此，另一位当代哲学家尼古拉斯·沃尔特斯托夫（Nicholas Woltorstoff）持有异议。他写道：

在决定和讨论政治问题的时候，要求每个人都不得使用宗教观点，这样做是否合理……

对我而言，这一做法有失公允。在我们生活的社会中有很多信奉宗教、持有宗教信仰的信众。他们认为应将关乎正义的根本问题的决定，建立在自己的宗教信仰的基础之上。他们并不会将此视作一个非此即彼、可有可无的选择。他们笃信他们的生命应该为完整、正直和融合而奋斗。他们应该允许上帝之道、摩西律法、耶稣的命令和榜样，或者什么别的神，将他们的存在塑为一体——那么这也就包括他们的社会地位和政治地位。对他们来说，他们所信奉的宗教并非独立于他们的社会和政治地位而存在，而是相互关联、密不可分的。因此，要求他们在对政治问题进行讨论和做出结论的时候避免宗教因素，就侵犯了他们宗教自由的权利，这有失公平。如果他们不得不做出一个选择，他们就会基于自己的宗教信念做出有关宪法根本和基本正义问题的决定，并且在决定一些无关紧要的问题时，会基于其他理由——而这一点，与罗尔斯所建议的恰恰相反。

沃尔特斯托夫认为，他本人为如何在公共领域就根本问题展开讨论另辟了蹊径。他认为罗尔斯对公共理性的规范所作的解读有失公平。

后来，沃尔特斯托夫又对此进一步作出解释：

在一个民主社会，我们进行讨论和辩论，目的是要达成共识。我们并非仅仅是登上讲台大声疾呼，将我们的观点公之于众。我们倾听他人的观点，并且试图去说服……即使在无伤大雅的小事上，即使在有理性的公民之间，我们也很少能成功达成共识……但是我们都尽力一试。那么，最后，我们投票表决。在这种情形下投票也是不合理的，有违自由和平等的原则，而这一概念本是自由民主的题中应有之义。因为自人类社会朝着自由民主迈进之初，就已经开始就各种问题进行投票表决，最终以多数群体的意志获胜，前提是对少数群体的权利进行明确界定，并且必须加以维护。

在讨论中，我们都意在达成一致意见……我们对某些政策的一致意见，无需建立在全体现在以及将来公民都赞同的原则的基础之上，也无需征得那些富有到能够解决所有重要的政治问题的人的同意。如果每一位公民，不管是现在还是将来，都能出自其自身的理性而赞同政策，也无需时时都表示认可就足够了。它甚至不需要每位公民都对政策表示支持。如果这一决议是遵从大多数人的意见且公平执行的，也就足矣。

因此，在沃尔特斯托夫看来，如果各方都有机会表达自己的观点，他们遵从大多数人表决的结果，并且假设大多数人的意志受到某些少数人的权利的制约，那么在公共领域内对根本问题的讨论中，这一运作表现是可圈可点的。

沃尔特斯托夫主张，如果没有罗尔斯对于公共理性的不公正的解读，宗教理性应该能够在公共讨论中更加自由地发挥作用。然而请注意，他本人对于公民如何正确适度地参与公共讨论的解读，也同样限制了宗教理性在讨论中发挥作用。首先，宗教理性如若对公共政策施加影响，宗教人士就必须掌控大多数投票；其次，这些宗教理性的作用也同时受制于少数人的权利，沃尔特斯托夫除了指出罗尔斯对于公共理性的要求因其不公平而不应该被纳入这些少数人的权利中之外，对少数人的权利这一概念并没有进行厘清和界定。

罗尔斯对于公共理性的要求是不公平的吗

但是，罗尔斯对于在公共讨论中诉诸公共理性的要求是不公平的吗？我们还是先认同沃尔特斯托夫这一"表面上证据确凿的案例"——罗尔斯要求笃信宗教的大多数人有限度地使用他们的宗教理性——这一要求是不公平的。需要明确的是，在所讨论的问题中，这一要求是否仅是唯一不公平之处？如果为了纠正一个不公平，而施以一个相似的甚或是更大的不公平，这就得不偿失了。因此，我们需要明确的就是：

- 少数人——宗教的或非宗教的——较之信教的大多数人，是否也应该受到不公平的对待；
- 如果确实遭遇到不公平的待遇，那么这种不公平是否需要被足够重视，甚或像沃尔特斯托夫提醒我们注意的那样加以解决。

或者说，如果将大多数人的意志强加于少数人是公平的，那么谴责少数人没能服从和接受这一决议，在道德上也是无可非议的。若非如此，那么少数群体就可以合情合理地拒不接受这一强加的意志，而且大多数人的意志也就在道德层面上缺少了合理性。但是，如果将大多数人的意志强加于少数人是公平的，那对于少数群体来说，势必存在着足够的能够说服他们接受的理由，不管是宗教的还是非宗教的。如果一个群体无法理解，也没有理由相信他们所被要求做的事情，那么就无法对他们提出强制性的要求。

举例来说，假设基督教徒中的大多数决意要通过一项法案，决议对富人课以重税，对穷人实行一个优先的选择——他们认为这是由《圣经新约》所要求的。如果这一法案得以通过，那么就需要提供让那些富裕的、非基督徒的少数群体可以接受的理由，足以证明对他们强制性地征收重税是正当合理的。比如说，这些原因可能会证明：通常被用来反对福利权利自由的自由主义理想，恰好就主张这种权利，这一点是否是可能的。如果这个推导广为人知的话，那么它恰好就能向少数群体提供此处所需的、赞同基督徒的大多数的理由。如此一来，这就可以满足公平性的要求。

现在，沃尔特斯托夫接受公平性的这一要求，即在相关情况下，需要向少数群体提供那些他们可以接受的理由，这些理由必须足以证明要求他们接受多数群体的意志是合乎情理的。此外，沃尔特斯托夫还认为，他还提供了所需要的理由。正如他自己所说："政策甚至不需要得到每位公民的赞同。如果这一决议是由多数群体通过公平手段达成并加以执行的，这就足够了。"因此，在他看来，如果一项协议是信教的多数群体通过正当手段达成并加以执行的，在道德层面来说，这一事实本身就足以成为有力的理由，勒令少数群体服从他们的意志。而且，在一个法制社会中，这一事实对少数群体来说是可以接受的。在此种情况下，如果少数群体拒不接受，就是不可理喻，应该受到道德的谴责。因此，沃尔特斯托夫通过多数群体，借以公平性的名义将他的理由设为规则，或许会认为他提供了一个道德理由，所以，在一个自由、多元的社会中的每一位公民都按此规则行事就足够了。

形式各异的不公平性

然而，罗尔斯和沃尔特斯托夫的分歧可能在于，他们认为就根本政治问题所展开的公共讨论的方式或许是不公平的。沃尔特斯托夫认为，笃信宗教的大多数群体被剥夺运用宗教理性进行决策的权利是不公平的；抑或要求他们将宗教生活和非宗教生活割裂开来，也是不公平的。让我们再次审视这一要求的显失公平之处。很显然，公平性应该体现为：

1. 如果公平性的其他条件满足的话，可以允许信教人士将自己的决定建立于宗教信仰之上；

2. 如果公平性的其他条件满足的话，不得要求信教人士将宗教生活和非宗教生活割裂开来。

相比之下，罗尔斯对于多数原则的公平性的不同要求关注得更多。他所关心的是，不管是否为宗教信徒，那些少数群体有没有足够的、可堪信服的理由使得他们确信可以服从多数原则。沃尔特斯托夫貌似也注意到了这一点，这也是他为何假设借由一个理想的公平作为多数群体的规则。但是公平性对于程序性和客观性都有所要求。在程序上，公平性要求少数服从多数原则的前提是：少数群体必须有机会表达他们的诉求，并且该诉求被投票予以否决；在客观性上，公平性要求少数服从多数原则的前提是：多数群体必须能够举出额外的理由，这些理由足以使少数群体信服自己的观点是理性的，而对方的要求是非理性的。因此如果少数群体拒不遵从多数群体的意志，那么在道德上是应受谴责的。如果无法举出让人信服的理由，而多数群体又强行将自己的喜好凌驾于少数群体之上，那就非常不公平。正如我们之前所提到的，如果笃信基督教的多数群体决定根据《圣经新约》的要求，对富人课以重税，对穷人实施一个优先的选择，但比如说，与此同时却并不能提供一个可以被广泛接受的论证，证明如果诠释正确的话，即使自由主义理想中的自由，也能对穷人有着相似的关切。

现在，如果多数群体仅在程序上受到限制，那么将其意志强加给少数群体这一问题到后来有可能就会变本加厉，难以解决。举例来说，一个笃信宗教的大多数群体可能会要求少数群体在经济上对他们的宗教活动加以支持，或者强令他们参加宗教仪式。再比如说，多数群体还可能根据其宗教教义，对女性或者同性恋者进行苛刻的限制。比如，在南达科他州最高法院的协同意见书上，法官弗兰克·亨德森（Frank Henderson）拒绝了一位母亲在没有人监督的情况下陪自己的女儿过夜，"除非经过多年治疗之后，等到她能够证实她不再是一个同性恋者，保证摆脱之前那令人厌恶的生活模式才行"。

另外，一般情况下，这些横加的意志都会比罗尔斯在公共话语中所要寻求的规则更具约束性。那么，如果为确保公平起见，尤其是在关乎"基本正义"的问题的情形下，若要使少数群体接受多数群体的意志，就必须在程序性理由之外，还要提供能够为少数群体接受的客观理由。虽然单独来说，客观理由不足以要求少数群体遵从多数群体的意志，但是一旦与少数群体能够接受的程序性理由相结合，就足以要求他们按照多数群体的意志行事。在弗兰克·亨德森法官的例子中，他还应该提供统计数据，以证明同性恋者不大可能成为一个称职的母亲。

因此，实际上较之沃尔特斯托夫所明确要求的，公平性的要求又更进了一步。为了合乎这一要求，少数群体能够接受的程序性的理由还远远不够，至少就"基本正义"而言，还需要有被少数群体能够接受的客观理由。这些原因合在一起，才能保证提供一个充分的理由，以要求少数群体服从多数群体强加的意志；如果少数群体拒不遵从多数群体的意志，那么就是不合乎理性，并且在道德上是应当受谴责的。

当然，能够为少数群体所接受的客观理由究竟为何，在某种程度上因事而异。总而言之，仿效《权利法案》和美国宪法修正案对多数群体的权利加以种种限制，对保证少数群体能够拥有足够的客观理由来接受多数群体的意志，却是功不可没。

然而，对这些客观性的限制作如下解读也是必需的。

1. 宗教自由必须被理解为一种足够强劲的权利，若非为了"国家的迫切利益"，否则不能对宗教活动造成巨大的负担。比如，美国联邦最高法院在 1990 年的"就业司诉史密斯案"中，就违反了上述原则。法院判决两名被解雇者无权领取失业救济金，因为他们在其所属的美洲土著人教会的圣餐仪式上食用了一种名为佩奥特碱的致幻剂。

2. 如果宗教学校设立了一系列核心课程，并且满足国家教育标准的话，政教分离并不排除使用公共基金对该校给予和公立学校同样的支持。就此而言，美国联邦最高法院貌似正在平稳地朝着这个方向前进。在 1997 年的"奥格斯蒂尼诉菲尔顿案"中，法院裁定联邦政府资助计划利用政府雇员来提供补救教学，前提是宗教学校不违反美国宪法第一修正案中的"确立国教条款"。

3. "平等保护条款"必须被理解为能够强有力地保证有效的平等权利，尤其是对那些受到重要形式的歧视掣肘的群体，比如非洲裔美国人、女性和同性恋者等。在这方面一个相关的案例就是 1996 年的"罗默诉埃文斯"案，最高法院推翻了科罗拉多州立宪法的修正案，取消了对同性恋者的歧视。

宗教道德教义可否用理性加以约束

然而，尽管多数原则的某些限制也许有站得住脚的道理，但我们并不真的需要它们向少数群体提供一个正当理由，以使其服从多数群体的意志。这一观点或许会遭到反对。有人或许会说，多数群体所要做的，仅仅是借助一些宗教道德教义，且鉴于在一个至少是多元的自由社会中，这些教义基本上是每个人都可以接受的。这就意味着在这些社会中，每个人都明白如果拒绝这些教义是一种非常不合乎理性的行为。比如说，断言基督教的道德教义本身就是可以被接受的，也就是说，作为一部独一无二的基督教的救赎史的一部分——包含了（基督圣子）成肉身、可救赎的死亡和耶稣复活等关键事件——是可以被接受的。

我们可以评估一下这一异议。诚然，即使剥离其宗教背景，一些宗教道德教义依然有其合理性，可以提供一个合理的、正当的理由（比如仁慈的撒玛利亚人）。这一理由对于至少是多元的自由社会中的每个人，基本上都是可以接受的。因为在这样一个社会中，基本上每个人都能够理解如果拒绝那些如此合情合理的教义，会显得不够理性。但是，我们目前所考虑的这一异议并没有解决宗教道德教义的正当性这一可能性。相反，它声称宗教道德教义是有道理的，因为它们对于至少是多元的自由社会中的每个人，基本都是可以接受的，以致在这种社会中，任何人如果拒绝它们，都会显得不够理性。

事实果真如此吗？当然，比如说，很多基督教道德教义对于无论是基督徒还是非基督徒来说，都是可以理解的。但是我们所运用的"可接受的"这一概念，意义远不止于此。它意味着人们如果不能遵从这一要求，就会受到道德上的谴责。因为人们已经开始认识到这一要求对他们来说适用，并且如果不予遵守，就会显得不合理。一旦做此理解，基督教宗教教义似乎并非能够为自由和多元社会中的每一个人所接受。很多在其他方面都遵守道德的非基督徒，他们并不承认基督教宗教道德教义的权威性，即使他们或许承认单独来看的话，部分教义也有其合理性。此处所说的这一现象，对于非基督教的宗教道德教义也同样适用。

相应地，宗教道德教义不能够作为可接受的客观原因的替代品。就像仿照美国宪法的一些条款而订立的一系列的约束条件一样，也需要和程序性的理由一起，在道德上为少数群体屈从于多数群体的意志提供正当理由。如果多数群体的意志在道义上是正当的，就必须始终存在一个使人能够接受的程序性和客观性的理由，并在两相结合之下，为要求少数服从多数的意志提供一个充分的、合理的理由。

公共理性怎样才能为人所接受

不过，公平性并不要求持多数群体观点的每一个支持者都愿意给出这些程序性和客观性的理由。鉴于这些理由必须能为少数群体所接受，因此也就无需要求多数群体观点的每一个支持者都能够并且愿意给出这些理由。比如，印度教、佛教、伊斯兰教或者基督教的大多数信教群体中的某个特殊成员，或许会认为，他/她所在的社会需要对富人课以重税以接济穷人，但无法就此行为向少数群体提供任何一个对方可以接受的理由—— 一些类似于建立在中立的自由这一理念基础之上的理由。因此，公平性并不会将罗尔斯所认可的那些特殊要求加诸大多数支持者之上，只是要求大多数群体中的每一个成员都能够、也准备解释那些他们所支持的政策的可供公共获取的原因和理由。沃尔特斯托夫声称，这一要求对于信奉宗教的多数群体来说，构成了一项有失公平的负担。在这一点上，他是正确的。

然而，总的来说，多数群体的确有责任要确保为少数群体追随自己的意志提供足够的程序性和客观性的理由，使得前者至少在"基本正义"这一问题上能够接受。为了履行这一职责，多数群体已采取足够的措施来确保言论自由、优质公立教育和各色不同政治团体之间展开公开辩论。这一理念在于，通过这些体制结构，那些必要的公共理由就可以为民众所接受。然而，这一职责不时会要求多数群体意志的支持者中的一些有社会地位的人，能够使得少数群体能够对己方提供的足够的程序性和客观性的理由表示信服，并且愿意追随己方的意志行事。在上述行为之后，多数群体的集体义务就此得到消解。

因此我们可以看到，为了公平起见，我们需要拒绝罗尔斯的要求，即多数群体的支持者阵营中的每一位成员，都能够为社会中的少数群体提供充分理由，以使得对方能够追随己方的意志。由此可以断定，沃尔特斯托夫及罗尔斯的其他批判者意欲让宗教在公共辩论中充当角色就有了正当理由。然而，我们还可以看到，公平性要求要为少数群体提供可接受的理由，使其能够接受多数群体的意志，而不只是沃尔特斯托夫所青睐的纯粹程序性的理由。此外，程序性和客观性的理由都必须为少数群体所能接受，这样当一并考虑这些原因时，少数群体就能够接受多数群体的意志。

结束语

本章开头我们援引了苏格拉底在柏拉图的《欧蒂弗罗》中提出的中心问题：究竟行为之正当是上帝命令这样做，还是做上帝命令之事，是因为它是正当的？然后我们转而去神命论者那里去寻找这一问题的答案，后者声称，某种行为是正当的仅仅因为它是出自于上帝的命令。我们看到，神命论者并不欲倚仗人类天性中的规范性结构，以及我们所赖以生存的环境作为道德的源泉，但是他们被迫承认了这一点。因为他们的理论面临了诸多挑战，其中最著名的是：

- 来自不同的特殊启示的要求之间相互冲突；
- 我们的天性和环境会产生一些共同的、规范性的立场和需求，以帮助解决这些冲突。

然而，如果人类天性的规范性结构和生活环境与特殊启示的要求相互冲突，尤其是在公共领域，我们又该如何应对？此处我们看到，公平性要求，倘若使得少数群体接受多数群体的意志，就必须向他们提供可以接受的、令人信服的合理正当的理由，但是并非信奉宗教的多数群体中的每个人都愿意并且能够提出上述理由。然而，公平性的要求最重要的影响则是，将宗教信仰的约束力限定在人类天性的规范结构和我们生活的环境所能允许的范围内。

第二章

道 德 相 对 主 义 的 质 疑

道德相对主义认为，道德的要求仅仅只是某个特定文化的产物，因此只和生活在该文化情境中的人有关，并且也只适用于他们。

如果我们都拥护道德相对主义，我们就无法根据某些文化上的独立、客观的价值标准，对其他文化群体中的个体行为习惯做出道德判断，不能指责他们就是错的或者是低人一等。

我们姑且称之为"审视的宽容"，也同意道德相对主义能够展示其宽容的一面。但是这并不意味着，道德相对主义者在他们的行为上也采取宽容的态度，呈现出一种"行为宽容"。一个特殊的文化群体是否愿意展示文化宽容，取决于本族的文化规范所喜欢的行为是否与其他文化群体的利益相冲突。

为了支持道德相对主义，古希腊历史学家希罗多德（Herodotus）曾经讲过一个有关波斯帝国国王大流士一世（公元前550年—前486年）的故事。道德相对主义认为，道德的要求仅仅只是某个特定文化的产物，因此只和生活在该文化情境中的人有关，并且也只适用于他们。在这个故事中：

> 大流士一世召集了一些恰好在他的宫廷里的希腊人，问怎么才能让他们吃自己父亲的尸体。他们惊恐万分，并且回答说，无论给多少钱，都不能让他们做这样的事情。随后，让希腊人在旁边听着，他又通过翻译询问了一些来自印度的卡拉提亚人——这些人确实是会将他们已故双亲的尸体吃掉——怎么才能让他们烧掉他们父亲的尸体。他们发出一声恐怖的惊呼，对大流士说，不要再提如此恐怖的事情。

很显然，古希腊人和大流士一世时代的卡拉提亚人，他们都赞同自己文化中对逝去的父母表示尊重的特殊方式，而否认对方文化中所采取的方式。

诸如此类的例子还有很多，不胜枚举。丹麦探险家彼得·弗莱彻（Peter Freucher）记录了格陵兰因纽特西北部极地原居民，即因纽特人在20世纪初期的一些惯常做法：

> 如果一个年老的男子看到青壮年出去打猎而自己不能同去，他会感到很难过。如果他不得不向其他人张口索要缝制衣服所需的毛皮，如果他再也不能邀请邻居来品尝他的猎物，生命对他来说，已然一无可留恋之处。风湿病和其他疾病缠身，

不停地困扰着他，他想就此结束生命。在不同的部落，这一形式都各不相同；但是每个部落都认为，如果一个人觉得生命了无生趣，自己成为了别人的拖累，那么他对亲人的爱，以及无法参与到有意义的事情中去的无力感，都会促使他了结生命。在一些部落中，一个老人会希望自己的长子或者最心爱的女儿做这件事：用绳子勒住他的脖子，然后把他吊死……有时，年长的妇女或许会情愿选择被人用匕首刺入心脏——这件事也会假手自己的儿子或者女儿，或者是借助在场的、能够做这件事的人完成。

当然，这些对待老人的做法和当今西方世界普遍采取的形式截然不同，甚至也和当今的土著做法相异。还有其他一些例子都被用来证实道德相对主义的观点——道德规范是某个特定文化的产物，只与其社会文化范畴内的成员有关，并且也仅仅适用于他们。

认可道德相对主义的弊端

如果我们接受了道德相对主义的信条，我们就不能理所当然地辩称其他社会的文化习俗就是低我们一等、处于劣势的，其他社会中道德准则的威信和权威，是无法延伸至其社会成员之外的。

举例来说，我们不能将纳粹对 600 万犹太人的大屠杀归咎于纳粹德国；我们也不能因印第安人被大屠杀而谴责北美殖民者，以及随后的美国和加拿大公民，虽然这场大屠杀导致了北美印第安人人口锐减了 98%，仅剩 381 000 人。同样，我们也不能谴责土耳其人对其境内的亚美尼亚人进行的残酷的灭绝性屠杀，也不能因为几百万人惨死在波尔布特统治之下，就谴责红色高棉政府。显而易见，如若我们接受了道德相对主义的这些论点，我们将无法对这些过去甚至现在的暴行进行义正词严的谴责。

在接受道德相对主义的这些论点时，还有一个问题需要澄清：道德规范到底是与谁有关？据称，它们是某个特定文化群体的产物，也只为其文化范畴内的成员所遵守。但是，这个群体必须是整个社会，还是整个社会中的一个小群体？为什么道德就不能仅仅和单个的个体有关呢？为什么道德规范不能取决于单个个体的自我反思，并且仅仅同他本人相关，也仅仅适用于其本人？如果我们允许这样一系列的可能性，那么，任何行为（比如买凶杀人等），或许在某个特定的社会中是错误的（比如美国公民），但是在其社会中的某个小群体看来，或许又是正确的（比如美国黑手党），然后在该社会的某些特定的成员，或者一些其他的小群体看来又是错误的（比如司法人员）。但是如果情形确实如此的话，那么很显然我们如果试图做出道德判断将会变得极其艰难。

包容——是否是赞同道德相对主义的益处之一

尽管接受道德相对主义之后，会有种种负面后果随之而来，但是还是有一些人坚持说，接受这一观点同样也有积极的作用和效果：在不同的文化群体之间，会表现出更大的宽容。在人类学家鲁思·本尼迪克特（Ruth Benedict）看来，一旦道德相对主义的信条得到广泛的认同和信奉，我们的社会就将趋于：

社会诚信更加实际，以此作为接受各种并存于世的、合理的生活模式的理由，这些生活模式都是人类从生存环境中提取和创造出来的。

当然，正如本尼迪克特所说，如果我们都拥护道德相对主义，我们就无法根据某些文化上的独立、客观的价值标准，对其他文化群体中的个体行为习惯做出道德判断，不能指责他们就是错的或者是低人一等。这是因为，作为道德相对主义者，我们无法确认任何道德评价的客观标准。

我们姑且称之为"审视的宽容"，也同意道德相对主义能够展示其宽容的一面。但是这并不意味着，道德相对主义者在他们的行为上也采取宽容的态度，呈现出一种"行为宽容"。一个特殊的文化群体是否愿意展示文化宽容，取决于本族的文化规范所喜欢的行为是否与其他文化群体的利益相冲突。比如，如果某个特定群体的文化规范喜欢干涉或者将自己凌驾于其他社会群体之上，那么就不能指望这一群体的成员能有"行为宽容"。

哲学家詹姆斯·雷切尔斯（James Rachels）试图为道德相对主义的实践能带来宽容找到科学依据，他说一个文化规范的最高统治权在文化自己的界线之内。雷切尔斯举例说，在第二次世界大战期间，一旦德国士兵进入波兰，"他们就被波兰的社会规范所约束——显而易见，这些规范不允许屠杀波兰的无辜群众"。但是如果雷切尔斯对道德相对主义的这一解读正确的话，那么，根据他的观点，被侵略的国家就不能大举反攻，打回侵略者的老家去，因为这么做是不正当的。比如，在第二次世界大战期间，盟军的部队就不能反攻入德国、意大利或者日本。

遗憾的是，此处雷切尔斯混淆了道德相对主义对评判宽容的坚定支持和对行为宽容的支持。他没能认识到，只有在某个特定的文化群体的文化规范不与其他文化群体发生利益冲突的时候，才是受"行为宽容"论点支持的。以纳粹德国为例，考虑到该国扩张本国领土的文化规范就是与波兰维持国土完整的利益相互冲突，道德相对主义就不会支持行为宽容。如果纳粹分子中有道德相对主义者的话，他们可能会声称他们一直坚持评判宽容立场，因为他们从来不认为波兰在道德上是低下的，但是他们也无法向对方展示行为宽容，因为他们的纳粹文化规范要求他们，在建立第三帝国的道路上就必须征服波兰和其他族群。当然，从道德相对主义的这一观点出发，波兰人民完全有理由在他们力所能及的范围内奋力去阻止纳粹入侵，但是可惜事实证明劳而无功。简言之，这证明了接受道德相对主义这一理论的人，其本身根本不必宽容。

但这样是正确的吗

尽管接受道德相对主义的观点有诸多困难，这一命题或许仍然是正确的。那么，是否有某种方法可以合理地确定这一观点的前提是否正确？

思考一下关于美国的右边行驶规则。与之相反，英国的驾驶习惯是在道路左边。导致这两种相反驾驶行为的原因是什么？好了，在这两个国家，都必须采取某种统一的形式来规范交通避免车祸。为了确保这一结果，每个国家都采取了不同的方式和手段。因此，尽管与本国的交通规范大相径庭，这两个国家的居民都能理解对方国家的道路管理规定。此外，如果碰巧在他国驾驶，一般来说，每个国家的居民也都愿意遵守对方国家的规则："身在罗马就要像罗马人一样行事。"

但是，美国和英国不同的驾驶规则就能作为道德相对主义的一个案例吗？似乎很难找到理由。当然，道德相对主义者或许会坚持说，道德规范是某个特定社会群体中的文化习惯的产物，其程度之强烈，远非道路交通规则不同可比。其实，在道路交通规则的目的和在这种情况下我们应该如何行事之间，存在着很多道德一致性。

让我们回过头来再看一下本章开始时所讲述的古希腊人和卡拉提亚人的故事。在这个故事中，双方都试图表达对逝者的敬意，做法却大相径庭。为什么会存在这种差别呢？最可能的情况是，在他们各自的宗教信仰中，对于如何表达对逝者的最大尊重看法迥异。正如我们在第一章中所指出的，宗教信仰往往是基于特殊启示，而不是每个人都可以理性地作出理解的。因此，如果古希腊人能够认识到这一点，他们进而就能意识到，他们不应该期望卡拉提亚人接受他们对待逝者的方式。反过来对卡拉提亚人也一样，他们也不应该期望古希腊人接受他们所青睐的方式。既然在这一事例中，双方都毫无必要严格按照统一步骤行事，那么双方就都应该尊重对方所采取的对待逝者的方式。这是因为，要尊重逝者这一道德规范给如何满足这一规范的方式留下了余地，因此在如何满足相同的道德规范方面，各个不同的宗教信仰就得以纷纷登场，各行其是。

那么，20世纪初期因纽特人的做法能否作为特例呢？乍看之下，貌似我们今天对待老人的态度同当初截然不同。然而在西方社会的文化传统中，我们能够发现许多案例，都是老人为了不拖累群体中其他人的生存机会而情愿牺牲自己。在20世纪初期，在同样的环境下，欧内斯特·沙克尔顿爵士（Sr. Ernest Shackleton）领导的英国赴南极探险队也有过类似情况。甚至一般来说，类似的行为在欧洲和美国战争史上并不鲜见。我们还发现，随着生活条件的改善，如今年迈的因纽特人也不会再如此行事。因此，与其把因纽特人这一事例看作是不同文化背景下对道德规范的要求不同，还不如将其看作是在不同的机会及不同的物质条件下，所产生的相同的道德规范的不同实例。

总之，这些事例均不只是不同的文化背景下的道德规范的产物。恰恰相反，这些事例证明了，相同的道德规范是如何以不同的方式和适当的原因，加以满足的。

- 在第一个案例中，美国和英国的司机都一致同意道路行驶规则的目的及其应用；
- 在第二个案例中，因为宗教信仰不同，在满足尊重逝者这一道德规范时，古希腊人和卡拉提亚人采取了不同的形式；
- 在第三个案例中，有关因纽特人的自我牺牲这一道德规范，尤其是当一个人成为他人的负担时，由于面临的机遇不同、物质条件各异，因而满足这一规范的方式也不一而足。

然而，不是所有这些假设的道德相对主义的事例，都像我们刚才所分析的例子一样。看一下下面这三个事例。

案例 1：强暴和婚姻

1965 年，意大利西西里岛的 Alcomo 地区，有一个叫弗兰卡·维奥拉（Franca Viola）的姑娘打破了在西西里岛延续了一千多年的习俗，在被当地一个富人的儿子强暴之后，拒绝嫁给对方。这个富人之子名叫菲利波·梅洛迪亚（Filippo Melodia），追求弗兰卡不成之后，转而绑架并强暴了她，以为这样她就会嫁给自己：因为如果再次拒绝的话，她和她的家庭都会颜面扫地。没想到弗兰卡还是拒绝了，在父亲的支持下，她控告了菲利波和另外一个绑架她的帮凶。弗兰卡和她的家人遭到威胁恫吓，并被当地人孤立。她父亲还遭到了死亡威胁，他们家的谷仓和葡萄园都被人蓄意纵火，付之一炬，但是弗兰卡最终还是获得胜诉，菲利波被判十年监禁。弗兰卡最终嫁给了青梅竹马的恋人，在婚礼上，新郎甚至随身带了一把枪用来自卫。

案例 2：孀居和"萨蒂"殉夫

1987 年，在印度拉贾斯坦邦，一位异常美丽、还算受过良好教育的 18 岁的姑娘鲁普·坎瓦尔（Roop Kanwan），投身于焚烧她丈夫尸体的柴堆中，自焚而亡。婚后仅 8 个月，她的丈夫就突发急性阑尾炎去世。现在，她的生活前景一片黯淡：作为一个没有孩子的孀妇，她要独居至死，余生不能再嫁。她还被要求剃光头发，只能睡地板，穿着朴素的白色衣服，终日做些粗重的工作。在她丈夫去世后的第二天，人们发现坎瓦尔穿上了她最绚丽的、结婚时穿的纱丽，带领同村 500 多人来到火葬的场地。在婆罗门祭司的注视下，做完祷告之后，坎瓦尔爬上焚烧她丈夫尸体的柴堆，将他的头放在自己大腿上。然后，她示意自己丈夫的兄弟点火。在半小时之内，坎瓦尔和她的丈夫都化为灰烬，符合殉夫这一古老风俗的规定。在她去世后的两周内，有 75 万人蜂拥而至，来到她火葬的地方凭吊、祭拜。37 名村民被控告犯了谋杀罪，但是在其后 9 年的法律诉讼过程中，所有人都被宣告无罪。然而一些人声称，她的婆家向她施加了压力，并用鸦片对她进行了麻醉。孟买一家报纸称，据一位不肯透露姓名的村民说，坎瓦尔3次试图从柴堆上挣脱，但都被愤怒的村民按了回去。

案例3：女性割礼：一个个体的叙述

"我永远无法忘记40年前举行割礼的那一天。那年我6岁。在暑假的一个清晨，我的母亲告诉我跟她一起去姨妈家，探望一个生病的亲戚……我们确实是去了姨妈家，然后我们三个人一起去了一座我从来没见过的红色砖瓦房。在我母亲敲门的时候，我试着念出门上的名称。很快我意识到这是哈贾·阿拉明的家，她是一个助产士，给街坊四邻的女孩施行割礼。我吓得魂飞魄散，拼命挣扎。但是我被母亲和两个姨妈制服了，她们开始告诉我这位助产士能帮助我变得纯洁……"。

"这个女人命令我躺在一张用绳子编结而成的床上，中间有个大洞。她们紧紧地按住我，与此同时，在没有用任何麻药的情况下，助产士开始割我的肉。我尖声喊叫，直到嗓子哑了再也喊不出来……在手术完成之后的三天时间里，我无法饮水、进食，甚至不能小便。我还记得，我的一个舅舅发现了她们对我所做的事情之后，威胁要控告他的姐姐们。她们害怕了，决定再把我带回助产士那儿。"助产士用一种冷若冰霜的口吻命令我蹲在地板上小解。在那个时候，这貌似是一件非常艰难的事情，可是我做到了。我尿了好长时间，忍受着极大的痛苦。我理解母亲的出发点，她是想要我变得洁净，但是我确实遭受了很大痛苦。"

与我们之前的所举的例子有所不同，在这三个案例中，这些分歧更关乎行为原则问题，并且似乎这些分歧背后也并不存在任何基本的道德规范。那么这些事例能够支持道德相对主义的论点吗？这些事例是否说明，道德规范只是某个特定文化的产物，只是和生活在其文化背景下的人相关，并且也只是对他们适用？让我们依次审视一下这些事例，然后再判断情形是否如此。

强奸和婚姻案例的分析

在第一个案例中，弗兰卡·维奥拉和被她拒绝的追求者菲利波·梅洛迪亚，彼此对于对方应当或者允许采取的行为，互相都不认同。然而为了使这一分歧可以支持道德相对主义的论点，它必须建立在一个道德规范或者道德权利的分歧的基础之上。这就意味着，在他生活的年代，在西西里岛上，菲利波一定认为他这样做是合理合法的，也就是为了达到与之结婚的目的，他可以强行非礼一个他所心仪的女子；而弗兰卡在被非礼之后，大家也会觉得她理应嫁给菲利波。当然，这一对立在几乎所有的西方社会，乃至弗兰卡彼时所处的那个小群体，都认为被拒绝了的追求者没有任何道德权利，任何道德规范也没有要求受害者必须这么做。

然而弗兰卡和菲利波的冲突在于，这不仅仅是关乎道德权利和道德规范的对立。很显然，个体或者群体之间，允许存在冲突，争论的焦点也可以不关乎道德。那么让我们看一下，如果我们能够做出决定，如果争论的焦点是有关道德权利和道德规范，我们该怎样从个体和群体的角度进行分析。

从个体的角度来说，认为在道德上正确的东西与你觉得你应该那样做是两回事。你可能会觉得，从纯粹自私的角度来看，你应该做某事。如果你出于道义，觉得应该做某事，你就需要适当考虑一下他人的利益。但是如果这样做的话，你无需将他人利益和自身利益同等看待。然而，在这样一番道德考量中，如果你将自身的非根本利益——比如只是为了满足某些非根本的需要或者只是为了某个奢侈的需求——凌驾于他人的根本利益之上是不合适的。当然，这只是大致描述了在衡量某项行为是否合乎道德的时候，你应该作出的审慎思考。但是，如果没有经此考量，你所做的决定就不能被视为一个无可辩驳的、合乎道德的行为。

考虑到这一点，我们要如何置评菲利波决定强暴弗兰卡以期让她嫁给自己这一行为？在他采取行动之前，他有没有对自己的利益和弗兰卡的利益进行仔细权衡，然后得出在道义上他必须要强暴她这一结论？似乎菲利波并没有作此思量。他至多相信他所在的文化群体的权威性，将它作为自己的行为理由。当然，如果相关的文化群体——比如整个西西里岛社会——已经确认菲利波所倚仗的行为规范是合乎道德的，这或许就足够了。

那么第二个问题来了：这些道德权利和道德规范是何时被

社会群体所认同，认为它们是道德的呢？确切来说，作为一个整体，一个社会群体是如何达成共识，认为像菲利波这种情况就能对女性施暴，以期让她嫁给自己；而像弗兰卡就应该在遭到强暴后，嫁给施暴的人呢？当然，这个群体不得不考虑，并且以某种合适的、无可非议的方式确定，比如像菲利波和弗兰卡这样的个人，在这种情况下，有一些什么样的合法的道德权利，以及需要遵守什么道德规范。这就要求这一群体反复斟酌思考，在人们认为他/她必须合乎伦理地行事时，某个个体会经历何种体验；还应考虑到不同的个体的以及一个大的社会中的亚群体的利益，并予以适度重视。

如果那些有利益冲突的人之间能够互相交流，他们就能解释自己利益的重要性，以及彼此听取对方对自己利益重要性的解释。同时也需要确保那些没有能力的人，或者社会地位低下的人的权利得到充分表达。这样一来，就需要对涉及的各方利益冲突进行适当的权衡，充分考虑到不同的个体及子群体利益的相对重要性。

现在，某个特定社会中的法律法规基本都是对该社会中各相关利益群体之间进行道德权衡之后的结果，至少迄今为止这些冲突的解决方案是要求强制执行。即便如此，这些特定社会中的法律和习俗能够，但还是没有对相关的利益冲突进行充分的道德权衡。并且最糟糕的是，法律体系对于这一目标只是表达了口头支持，却口惠而实不至。当遇到这种情况时，某个特定社会中的法律和习俗在道德上并不是无可非议的。那么，法律就不能反映其民众的道德权利及其应该遵守的道德规范。

当然，那些真心努力成为行为高尚的人，可能仍然会遵守这些法律，甚至试图要求他人也同样遵守。这是因为，换作任何其他行事方式，对那些利益已经受到法律制度的不公正对待的人来说，很可能最后会证明代价更为高昂。然而如此行事的话，他们绝不会赋予其所生活的社会中那些不公正的法律体系以道德上的合法性。一旦时机合适，他们势必会寻找机会以求改革，或者大刀阔斧地改变不公正的法律体系。

在对菲利波所倚仗的西西里岛社会的规范和法律进行衡量时，将这些考量加以运用：结果很明显，它们远没有将弗兰卡的权利纳入考虑范畴。弗兰卡的权利在于，她可以选择不嫁给那个被她拒绝且又强暴了她的男人；根据当时西西里岛的法律和习俗，菲利波的权利在于，他可以与任何意中人结婚——但是较之菲利波的权利，弗兰卡的权利并没有得到足够尊重。因此，在这种情况下，当时西西里岛的法律和习俗并没有包含或者反映相关的道德权利或者道德规范，因此菲利波和弗兰卡的冲突并不是两个道德权利或者道德规范不同的个体之间的冲突。事实上，弗兰卡所支持的权利和规范根本没有声称自己是道德的。因此，这一案例并没有提供支持道德相对主义的论点所需的冲突类型。

孀居和殉夫案例的分析

鲁普·坎瓦尔的"萨蒂"（殉夫）行为，为运用这一案例支持道德相对主义的论点提出了另外一个问题。问题在于，使其行为显得正当的主要理由来自宗教，因此缺少任何单独的道德理由。在印度教的宗教传统中，如果一个丈夫先于其妻去世，那么这位妻子就要对其丈夫的死亡负责，因为印度教认为要么是她今生有罪，要么是前世有罪。因此，只有两条路可供她选择。她可以选择为其夫殉葬，此后她本人、她的丈夫、她丈夫的家族、她母亲的家族、她父亲的家族，以及所有的家族成员，不管他们之前罪孽如何深重，死后都会升到天堂，并且时间会长达3 500万年。另外一个选择则是，她以悔过的罪人之身度过余生，每天只能吃一餐粗茶淡饭，终日辛苦劳作，晚上不能睡在床上，衣着褴褛，每月由一个（印度种姓制度中最底层的）男性贱民理发师给她剃发。据说，如此种种是为了让她丈夫的灵魂得到安宁，并且防止她来生堕落到畜生道，成为母兽。然而，除非还有其他单独的道德理由作为补充，一个宗教理由并没有产生那种我们能够借以支持道德相对主义论点的冲突。道德相对主义需要相互冲突的道德观点。

然而，坎瓦尔面临的选择依然具有道德层面的意义。这是因为她所属的群体的法律和规范并没有给她选择信教或者不信教的自由，而是迫使她在追随其夫而逝、为丈夫殉葬和作为一名孀妇、终生过一种极端清苦的生活之间做出选择。除此之外，她别无选择。正如我们在第一章中看到的，以宗教之名行胁迫之事，在道德上会有异议。所以此处并不是两个道德观点上的冲突。相反，因其为孀妇留的选择十分有限，且使用强力强制执行，因此这一宗教观点缺乏道德上的合理性。正因如此，这并不是拿来论证道德相对主义论点的好例子。

女性割礼案例的分析

在女性割礼案例中，以下需要考虑的事项都与判断这一行为能否支持道德相对主义论点相关。

首先，女性割礼分为三种不同的情况：

1. 阴蒂切除：部分或全部切除阴蒂；
2. 切除：部分或全部切除阴蒂和小阴唇；
3. 锁阴术：通过制造一个覆盖的缝合口来缩小阴道开口，该缝合口是在切除或不切除阴蒂的情况下通过切割和改变内阴或者外阴的位置来形成的，只在阴道处留一个细如火柴棍一样的开口以便尿液和经血排出。

其次，我们必须考虑到这一做法带来的健康后果。这些操作一般都在不卫生的条件下进行，没有麻醉（就像文中的例子提到的那样），并可能会引起致命的并发症，比如大出血、感染和休克等。因为疼痛、肿胀和发炎，会导致小便困难，术后产生的感染会导致尿路感染。尤其以锁阴术为甚，它很可能会产生终身的健康隐患。由于尿道口被封闭，反复尿路感染会时有发生。如果尿道开口很狭小，经血就会受阻，导致生殖道感染和不孕不育概率增高。此外，阴蒂和其他敏感器官被切除之后，女性的性快感会降低。然而一些研究指出，在接受了这三种形式的割礼之后，仍有很大一部分女性，能够在婚姻生活中感受到性高潮。对于接受了锁阴术的女性来说，鉴于狭小的阴道口和术后缺乏弹性的伤口组织，完美的婚姻对她们来说很可能意味着痛苦。这个过程中会有哭泣和流血，甚至为了性交这些伤口可能还会被重新切开。在生产的时候，这些伤口可能会被重新切开，然后再缝合——在该女子生育期内，就这样不停地反复下去。

第三，有三个正当理由支持对从幼年到 15 岁的女性施行各种形式的割礼：

1. 它能降低女性的性快感，进而能帮助她们抵御非法行为的诱惑；
2. 它能保护一个女孩儿的童贞，而贞洁对她的家庭来说至关紧要，这关系到她的婚姻安排、能收到的彩礼，也关系到家庭荣誉（在索马里，准新郎家还会在婚前检视新娘的身体，接受过锁阴术的少女的母亲还会对女儿进行定期检查，确保阴道口仍然是"闭合的"）；
3. 人们认为只有受过某种形式的割礼的女子，才符合结婚的条件。

但是这些所谓的正当理由，就能构成对女性割礼的道德辩护吗？

如果这一情况属实，这些正当理由就应该是对男性和女性、男孩和女孩的利益进行公正的评价之后的产物。但是这些正当理由能够体现公平公正吗？思考一下这个问题：如果说女性割礼能降低女性的性快感，帮助她们抵御非法行为的诱惑，那么为何不对男性也如法炮制，将某种阻断性的夹子夹在男性生殖器上？其实，某种类似的做法也在男性身上同样施行过。本是用于其他目的的行为，结果无意中造成了当初不曾预料到的后果。

真相是什么呢？每年有 1 200 万男性接受割礼（女性是200 万）。在美国，79% 的成年男子被施行过割礼。虽说男性割礼通常只是去除阴茎包皮，但是我们现在明白，包皮是神经末梢最集中的地方。因此说来，切割包皮，就像去除女性阴蒂一样，同样也能降低男性获得性快感的能力。然而降低性快感，进而降低男性的性欲，肯定不是这一惯例所给出的原因。事实上，男性割礼这一做法可能会带来的后果已经越来越为人所知，我们就不难预见接受割礼的人数会锐减。所以，这一不公平性的关键在于：为了降低她们的性欲，进而帮助她们抵御非法行为的诱惑，因而故意将割礼这一酷刑加诸女性身上，反之男性却不用遭受相同的痛苦。

女性割礼的第二个原因仅适用于女性割礼的第三种形式（锁阴术），这一形式仅占女性割礼数量的 10%。如果这种为了确保女性的贞洁（出嫁之前的童贞，出嫁之后的忠诚）而采取的极端方式在道义上是无可非议的，那么为了保证男性的忠诚，也需要对他们采取一种同样极端的方式（你尽可以自行想象这项举措可能会是什么）。当然，如果也采取同样极端措施确保男性忠诚的话，那这并不意味着锁阴术在道德上就是无可非议的。仅仅是说，如果没有同样的痛苦加诸男性的话，这种对女性采取的割礼形式就绝对谈不上是道德的。

与此相反，同第一个和第二个捍卫女性割礼的正当理由一样，第三个正当理由在割礼习俗普遍盛行的地区没有获得广泛支持。原因在于，一旦这一习俗获得普遍认同，那些有女儿的家庭就不得不对自己的孩子施以割礼。若非如此，在一个普遍认同割礼的社会中，他们女儿的婚嫁前景就会非常不容乐观。因此，如果只有接受过割礼的女子才有资格谈婚论嫁（在一些国家，女性接受割礼的比例甚至高达94%~98%），一个没有被施以割礼的女子，处境就会非常不妙。所以说，这样就可以理解为什么在有些社会中，家长们会甘心情愿地让女儿接受割礼，因为两害相权取其轻，拒不接受的后果甚至会更为严重。

此处所说的这些行为，同那些试图面对其所处的社会中的不公正法律的人们非常相似。有时，人们别无他法，只能遵守这些不公正的法律，同时也令其他人同样遵守，因为如果不这样做，后果可能会更糟。即使如此，在赞同这些不公正的法律或习俗的同时，只要有可能，也需要不断寻找方法来逃避、改革或者对那些法律或习俗作出彻底改变。

然而，因为不这样做后果就会更糟，所以在不公平的条件下，那些善良的人们愿意遵从妇女割礼这一习俗并不能为这一习俗提供道德辩护，因此个体和群体经验在这一习俗方面的冲突，并不能用来支持和证明道德相对主义这一论点。

同神命论的对比

正如在第一章中所讨论的，此处如果指出道德相对主义和神命论之间的相似之处，可能会有所帮助。神命论将道德视为上帝的命令，无视人类的天性事实，也无视我们置身其中的社会境况——仅仅是通过上帝的命令来判断事情的是非对错。与此类似，道德相对主义也无视人类的天性事实和我们置身其中的社会境况，也罔顾这些规范对特定个体的利益会产生何种影响，只是将道德定义为与某种社会文化规范相吻合的产物。

在这两种情形中，如果理解正确的话，我们都可以回应道德应该是某种思维方式，这一思维方式要求将我们的天性和身处的环境都纳入考虑范围内予以同样的考量，从而限制了上帝和社会习俗能够提出的合理要求。

道德相对主义的标准批判

事实证明，道德相对主义的大多数评论家都将这一观点视为一种描述性的理论，即由于道德信仰不同，因而生活在不同社会中的人们思维和行事迥异。随后他们对这一观点进行了阐释，运用这一描述性的理论来支持我们称为道德相对主义的论点。现在让我们称其为我们的论点，即道德规范仅仅是某个特定文化的产物，因此也只是与其成员相关，且只对他们适用——这是一种相对性论点。这些批评家所做的就是（也是他们对道德相对主义的主要批评），辩称这一相对性论点并不是由这一描述性的论点产生的。在不同文化背景中生活的人拥有不同的道德信念（描述性论点）这一事实，却并不能由此在逻辑上推断出道德规范仅仅是某个特定文化的产物，因此只与该文化背景下生活的人相关，也只对他们适用（相对性论点）。这之所以在逻辑上并不能自然而然成立，原因就在于在这些冲突存在的地方，一个或另一个社会的成员的道德信念在道德上可能是更为可取的。由于这种可能性的存在，这些批评家宣称描述性论点同相对性论点的争论不能成立。

尽管对于道德相对主义的这一批判并非毫无根据，但是我们上述的三个案例都证实了针对相对主义的标准批判已向该观点的捍卫者作出了很大妥协和让步。前者承认，双方都从道德层面上考虑问题，但是遗憾的是，双方之间的道德信念之间存在冲突。相形之下，通过对上述案例进行分析还表明，当我们再回过头来仔细审视这些案例时，我们没有看到双方从道德角度思考这些冲突，因此可以说，这些案例中的冲突都无关道德。

有关道德相对主义的六个例子

那么，让我们再回顾一下对上面提到的六个例子的分析。

1. 美国和英国不同的道路交通规则。分析：此处有关道路交通规则的目的，以及在实践中应该怎么做有很多道德契约，可视为道德冲突的一个例子。

2. 古希腊人和卡拉提亚人对待他们逝去亲人的做法不同。
   分析：或许，每个部族都希望表达对逝者的尊重，他们的行为都是基于相同的道德信念。他们也应该认识到既然实现道德的路径不一而足，这些部族都能够合理合法地运用他们不同的道德信念来阐述他们应该做什么。在这一案例中并无道德冲突。

3. 上了年纪的因纽特人在 20 世纪初的做法，以及我们社会中的长者及因纽特人中的长者现在的做法。分析：这一道德契约与自我牺牲有关，尤其是当一个人自我感觉是社会的负累时，因为机缘各异，物质条件有别，在不同历史时期表现有所不同。因此，在他们的所作所为和今天的通行做法之间并没有道德上的冲突。

4. 对于一个被拒的追求者所施行的强暴和随后的求婚，其合法性如何，以及应如何正确反应，菲利波·梅洛迪亚和弗兰卡·维奥拉之间所持观点不同。分析：菲利波和他所倚仗的西西里岛社会，没有能够对本案所涉及的利益冲突进行客观评价。只有弗兰卡本人和那些支持她的人，才对利益冲突进行了中肯的评价并有所行动。此处对于应该如何行事也并没有道德上的冲突。

5. 关于鲁普·坎瓦尔是否应在"萨蒂"中自焚殉夫的不同观点。分析：有关坎瓦尔的行为唯一可行的、正当的解释就是宗教，因此就她是否应该施行这一行为，不太存在相互冲突的道德观点。然而，她可以选择的其他方式是有限的，在道德上是令人反感的。

6. 有关女性割礼是否应该实行的不同观点。分析：这种做法的理由并不足以符合道德要求。在一个不公平的社会中这一习俗盛行，然而，目前顺遂这一做法以避免更糟糕的情形发生，在道德上是可以理解的。但是这并不能构成这一行为的道德理由，该行为并没有道德上的正当性。割礼这一行为同样也在男性身上施行，是否就能给这一行为带来道德上的正当性，同样也不清楚。

结束语

对这六个例子总结之后，我们并没有发现能够支持道德相对主义论点的案例。道德相对主义认为，道德规范仅仅只是某个特定文化的产物，因此也只与该文化背景下生活的成员有关，也仅对他们适用。为了支持这一论点，我们需要找到那些基于文化冲突的道德冲突的事例。在这六个案例中，我们发现其中三个存在一致性，远不能成为其道德冲突的佐证。在其他三个案例中，我们确实发现有重大分歧存在，但是这种分歧不能被视为道德冲突一类。这样一一排除之后，道德相对主义就没有证据支持了。

然而，为了彻底击败这一观点，除了驳斥那些声称支持道德相对主义观点的案例之外，我们还有更多的工作要做，我们还需要对非相对主义的道德进行积极防御。幸运的是，在第三章末尾就提出了这样一个防御观点。

第三章

利 己 主 义 的 质 疑

我们中的每一个人都心怀利己和高尚两种信念并且按其要求行事，我们需要追问自己：利己和高尚，在理性上我们到底应该遵照哪一个规则行事。

我们不能仅仅通过拒不承认道德理性与理性选择的关联来支持利己主义，同样也不能通过拒不承认个人的利益同理性选择的关联来为利他主义辩护，并且认可利他主义的基本原则：每个人都应该采取那些最符合他人根本利益的行动。

我们可以看到，利己和利他的原因之间，道德是如何被视为一个非任意性的妥协。首先，道德要求一定程度的自爱，或者至少是道德可以接受的范围。其次，很显然，道德要求人们不能无底线地追求一己私利。在利己和利他发生冲突时，构成这一妥协的"道德因素"可以被视为拥有绝对权威。

柏拉图在他的哲学著作《理想国》中，详细讲述了一个牧羊人盖吉斯（Gyges）的故事。在一个名叫吕底亚的国家，牧羊人盖吉斯偶然得到一枚魔戒，他发现如果戴着它，并把它朝着一个方向转动，就能隐身，而如果转回来就又能现身了。在发掘戒指的魔力之后，他伪装成了一个信使，来到国王面前。进入宫殿之后，他使用魔力诱惑了王后，并在其帮助下杀死了国王，成为吕底亚的下一任国王。

自柏拉图以来，直到今天，这个故事都被用来提出这样一个问题：如果我能够从某事中受益，我为什么还要坚持正义？在日常生活中，这一问题或许是这样的：

- 如果我能用这笔外快去豪华餐厅大吃一顿，或者能坐着游轮巡游加勒比海，我为什么要用这笔钱帮助那些急需帮助的人呢？
- 如果我能侥幸得手，那我为什么不作弊呢？
- 为什么为了能让子孙后代过上一种体面的生活，现在我要放弃利用资源？

这些问题反映了利己主义对道德的根本挑战。

心理利己主义

这一质疑的形式之一就是心理利己主义。这一观点认为，虽然表象并非如此，但是实际上我们行事的出发点总是自私的。现在看来，这像是一个令人吃惊的主张。当然了，我们都非常清楚，一些我们认为是对他人尽职尽责的行为，事后证实自身利益也是首要动因。举例来说，前些年很多人在得知美国联合慈善基金会主席威廉·阿拉莫尼（William Aramony）的丰厚薪水时，都感到非常震惊和沮丧。阿拉莫尼迫于压力引咎辞职，并随后被指控欺诈，银铛入狱，一时间导致联合慈善基金会接受的捐赠锐减，很长时间阴影挥之不去。一些人认为，联合慈善基金会已不再是他们眼中的公益组织了。

然而尽管表面上看起来如此，心理利己主义并不认为我们中的一些人明显出于自身利益行事。相反，他们坚称人类所有行为都是出于利己的动机。另外，如果我们相信《斯普林菲尔德督导者报》（*Springfield Monitor*）报道的这个故事，就可以得知亚伯拉罕·林肯也支持这一观点：

林肯先生曾经在一辆旧式马车上对与他同行的人说，所有人都是出于自私的动机才做好事，而与他同车的人则反对这种观点。当时他们正行驶在一座横跨沼泽的木桥上，这时看见一只尖背老母猪在岸边发出可怕的声音，因为它的小猪陷到沼泽里了，随时有被淹没的危险。当这辆旧马车开始爬山的时候，林肯先生喊："司机，能不能先稍停一下？"然后他从马车上跳了出来，跑回去把小猪从沼泽中拉出来，又把它们放到岸边。当他回来的时候，他的同伴说："亚伯，在这个小插曲中，自私在哪里？""天哪！爱德，这正是自私的本质啊！如果我走了，让那只痛苦的母猪担忧它的那些小猪，我的心灵一整天都会不得安宁。你难道没有看到，我做这件事是为了心灵的安宁？"

在这个故事中，我们看到，林肯坚称在他和他的同伴爱德的行为之间并无任何差别。他们都是从自身利益出发，想必也都是为了自身心安。然而林肯，而非爱德，为了获得心灵的安宁，受此动机驱使，用他的特殊方式救助了小猪使其免于溺毙。所以，如果我们仅仅说人类都是自私自利的，就像心理利己主义者所主张的那样，在这两者之间就没有任何差别，因而索然无味。

先了解一个类似的情况。如果我们说，受到胁迫的人和没有受到胁迫的人都可以自由行事，因为在某种程度上，他们就是这样做的，那么我们将无法进行一个很重要的比较，无法得知受到他人胁迫行事和可以自由行事之间有何差别。但是我们实在是不想失去这么重要的差异对比。同样，如果我们说那些意图提升自身利益的行为和那些意图提升他人利益的行为都是出自个人利益，因为在某种意义上来说，他们都对自己的行为很满意：这一来，我们就将忽视两种根本不同的动机之间的重要区别——这实在也是不容忽视的。

伦理利己主义

正如我们所看到的，在柏拉图所讲述的盖吉斯的故事中，同样的问题又来了：既然盖吉斯拥有了魔戒，能够从自私的行为中获益，那么他还有何必要坚持道德和正义？然而，我们无需上溯到柏拉图或者到神话中去寻找例子。

在 2008 年 12 月 10 号，前纳斯达克主席伯纳德·麦道夫向他的两名儿子透露，公司的投资管理部门是一个巨大的"庞氏骗局"——或者如他自己所说，是一个"巨大的谎言"。"庞氏骗局"就是一种欺诈投资，他利用投资人的钱，或者是新投资人的钱，来向老投资者支付利息和短期回报，整个行骗过程并没有实质的利润产生，因此到了某个时间节点上，资金链出现了断裂。麦道夫的儿子将此事报告给当局，他就因涉嫌证券欺诈遭警方逮捕，检察人员指控他给投资者造成的损失约高达 500 亿美元。这是有史以来由个人所犯下的最大的"庞氏骗局"和最大的投资诈骗案件。由于麦道夫热心公益，投资慈善，从而避免了有投资者出其不意撤回资金的威胁，从而使他的骗局得以持续了很多年。

麦道夫的行为无疑能为他贴上一枚利己主义者的标签。然而作为一个利己主义者，他犯了一个巨大的错误。在他的"庞氏骗局"被揭穿以前，他应该想办法带着大笔非法集资卷款潜逃。然而，我们需要判断的是，伦理利己主义者要怎样为类似于像盖吉斯和麦道夫，以及其他一些利己主义者的行为作出辩护呢？

为了回答这一问题，我们需要审视伦理利己主义的两种主要形式：

1. 个体伦理利己主义，声称每个人都应该追求一个特定的个人的整体利益；

2. 普遍伦理利己主义，声称每个人都应该追求他或她自己
   的整体利益。

个体伦理利己主义

让我们从应对个体伦理利己主义的质疑开始，这一观点同
更多被人讨论的普遍伦理利己主义的区分往往不是特别清楚。
个体伦理利己主义主张，每个人都应该出于某个特定的个人的
整体利益行事。这就意味着，所有关于我们每个人应该如何行
事的断言，都要仅仅基于某个特定的个人的总体利益，个人的
善决定了每个人应该如何行事。

让我们将这个人称为格拉迪斯。为什么只有格拉迪斯的利
益才能决定每个人应该如何行事呢？至于为什么只给格拉迪斯
这个身份，个体伦理利己主义必须为我们提供足够的理由。

考虑一下在提供这样一个理由时，什么因素不成其为
理由。

1. 任何关系特征，比如格拉迪斯作为西摩尔的妻子，将会
   为格拉迪斯的特殊身份提供理由，因为其他人也同样拥
   有相同的关系特征。

2. 任何与他人共享的特征，比如作为一个女性或者一个女
   权义者，将为格拉迪斯的利益提供理由，因为它也能够
   为所有其他女性或者其他女权主义者的利益提供相同的
   理由。

3. 任何独有的特征，比如格拉迪斯对莎士比亚的所有著作都烂熟于心，也能够提供理由，因为其他人或许也能如此，只不过可能程度稍弱，为她们提供了理由（可能按比例稍弱些）支持她们的独特嗜好。

4. 仅仅是拥有独特特质这一事实，就能够为格拉迪斯的特殊身份提供理由，因为每个个体都有独特特质。

5. 声称特殊身份仅仅是因为格拉迪斯是她自己本身，并且希望进一步提升自己的利益，因为其他人也会如此要求。

总之，如果个体伦理利己主义的辩护者意欲辩称这一理由或相似理由，对与格拉迪斯拥有相同或者相似性格特质的其他人不能成立，那么他对此需要作出解释。这是因为，在一个例子中性格特质可以作为理由，而在另一个例子中则未必：要理解，这必然是可能的。如果没能提供任何解释，个体伦理利己主义也并没有提供任何信息，上述提到的特点要么可以为两种情况都提供理由，要么在两种情况下都不能成为理由。

如此一来，事实证明，在进一步审视之下，个体伦理利己主义是一个站不住脚的立场。它声称每个人都应该从个人的根本利益出发行事，却无法为这一论点提供任何无可辩驳的理由。

普遍伦理利己主义

大概开始的时候，同格拉迪斯一样，普遍伦理利己主义者（姑且称其为西摩尔）都是朝着同样的总体目标努力，他们的利益也能够为个体伦理利己主义所保证。西摩尔也想表明，其个人利益的提升是首要任务。然而他意识到，他所提出的任何提升自己利益的理由，同样也能为他人所用，为对方提升自己的利益提供相似或类似的理由。但是作为一个普遍伦理利己主义者，为了应对这一问题，西摩尔承认每个人都有相似的理由维护自己的利益。为了给自己的利益提供正当理由，西摩尔意识到他必须承认其他人也都有相似的权利维护自己的利益。正是由于这一推己及人的意愿，就使得普遍伦理利己主义不至于沦落为同个体伦理利己主义一样的命运，因为后者拒绝推己及人，从而使得前者成为一个对道德的严重质疑。现在让我们思考一下为了迎接质疑所做的三个重要尝试。

呼吁公示

普遍伦理利己主义尤其受到来自当代哲学家克里斯汀娜·科斯佳（Christine Korsgaard）的严正批评，她认为前者没有满足道德所要求的"公示要件"。那些致力于道德的人，正如那些致力于遵守法律的民众一样，通常想要将自己的承诺公之于众，因此他们就能更好地解决与同样有志于此的人之间的冲突。相形之下，我们这位普遍伦理利己主义者西摩尔，并不希望将自己对普遍伦理利己主义的这一诉求公之于众。如果被人知晓他是一位利己主义者，别人就会倾向于对其有所防备，以防自己受到伤害。这样一来，他能够受益的程度就会远低于内心的期望值。相反，一方面西摩尔私下里认同利己主义，但同时为了从公众认可的道德中攫取利益，他又会公开地、伪善地承认自己将努力成为一个道德高尚的人。

当然，在私下里，西摩尔认为其他人也同自己一样，同样应该认可普遍伦理利己主义。尽管除非其他人的利益能够提升他自己的利益，否则他决不会将这一倾向宣之于口。对他来说，在其他场合吐露对普遍伦理利己主义的这一倾向，将会有碍其自身利益的实现。有时候，当西摩尔意识到其他人必然会对其形成干扰，他就会设法避免——然而因为他和其他人都满口仁义道德，这就意味着对这种类型的干扰无能为力。在其他场合，西摩尔能够通过有选择地违反道德规范（通常在暗地里），干涉他人利益，从而提升自己的整体利益。这正是在柏拉图的对话录中盖吉斯所做的，也正是麦道夫在现实生活中所做的，至少在数年中他都是如此行事。既然普遍伦理利己主义并不像道德所要求的那样，将自己的行为规范公之于众——当然它的本意就是规避规范，但是如果将这种缺乏承诺视为拒绝这一观点的理由会很困难。很显然，将他们的利己主义立场保持在相对私密的状态，对盖吉斯和麦道夫的成功来说是至关关键的一点。

并观利己主义和种族主义

最近，哲学家詹姆斯·雷切尔斯辩称，他认为自己"几近可以彻底地对伦理利己主义进行驳斥"。雷切尔斯试图通过将利己主义与种族主义进行比较来彻底击败这一观点，然后证明它们同样是站不住脚的。他声称，种族主义者认为人人都应该支持他们所青睐的种族群体，却无法为这一观点提供一个充分的理由；就像他们一样，利己主义者也无法提供一个合理的解释，即为什么人人都应该支持利己主义者，将其利益凌驾于他人之上。

遗憾的是，尽管雷切尔斯在广义上针对利己主义进行了驳斥，但是其观点只对个体伦理利己主义不利，而没有针对我们正在讨论的普遍伦理利己主义。这是因为只有个体伦理利己主义才试图为单独将某些人归于一个特殊的类别提出理由。相形之下，普遍伦理利己主义对所有人一视同仁，至少它承认每个人在追求个人利益这一点上都享有平等的权利。因此，尽管雷切尔斯的论证对个人伦理利己主义的论点一击而中，面对普遍伦理利己主义的观点却无能为力。

呼吁一致性

当代哲学家科特·拜尔（Kurt Baier）提出了另外一种观点，他试着证明普遍伦理利己主义从根本上就不一致，以此来应对普遍伦理利己主义的质疑。为了评判这一观点，让我们举一个当代盖吉斯，比如将他称之为盖理·盖吉斯，一个在其他方面都正常的人作例子。他在全国人民银行担任出纳期间，出于个人私欲挪用了 1 000 万美金，现在正着手逃往斐济南海岛。在那里，在当地政府的庇护下，他能够愉快地生活，而不会受到任何良心的困扰和谴责。假设他的一位同事赫达·郝凯知道盖吉斯从银行卷款意欲潜逃一事。让我们进一步假设，如果阻止盖吉斯携款潜逃符合她的根本利益，她随后将会因此被任命为银行副总裁，获利甚丰。考虑到携款潜逃符合盖吉斯的根本利益，现在看来，我们可以得出如下矛盾的结论：

1. 盖吉斯应该携款潜逃；

2. 郝凯应该阻止盖吉斯携款潜逃；

3. 通过阻止盖吉斯携款潜逃，郝凯就阻止了盖吉斯做他应该做的事情；

4. 一个人不应该阻止其他人做他自己应该做的事情；

5. 那么，郝凯不应该阻止盖吉斯携款潜逃。

因为前提2和结论5是矛盾的，普遍伦理利己主义显得前后不一致。

然而，论据的正确性有赖于前提4，并且西摩尔——我们的普遍伦理利己主义者相信有理由拒绝这一前提。因为西摩尔了解普遍伦理利己主义的"应该"，他有正当理由可以阻止其他人做与前提4相冲突的事情。这是因为西摩尔认为这一原则同竞技游戏中的"应该"原则类似，也赋予了这一行为正当性。

举例来说，设想一下，在橄榄球比赛中，一个防守队员或许会想到对方球队的四分卫通过第三打到5码，而他并不希望对方这么做，因此会想尽办法阻挠对方成功。或者我们还可以援引当代哲学家杰西·卡林（Jesse Kalin）的例子：

我可以看看我的国际象棋对手如何把我的国王将住，这是他应该采取的步骤。但是我认为他应该走象来控制住我的国王，这并不意味着我希望他这么落子，我也不会劝说他这么做。我所应该做的就是静观其变，希望他并不会按照常规步骤下棋。

这些例子的意义在于，它们表明，就像一个运动员在比赛中一样，一个普遍伦理利己主义者或许会判断其他人应该怎么做才符合自己的根本利益，同时试图阻止对方的行为，至少也要克制自己不去鼓励对方。这样一来就为拒绝前提 4 提供了依据。

同竞技游戏的类比，还说明了普遍伦理利己主义者之所以声称她应该做符合她根本利益的事情的意义所在。作为一个竞技者来说，她所做的判断决定了她下一步的走势，在其他条件相同的情况下，她会尽力实行她认为合适的行为（防守型选手就会试图去阻止四分卫的传球）。因此同样，在一个普遍伦理利己主义者做判断时，她会认为她应该采取一些特殊行动，在其他条件相同的情况下，接下来就会采取一些合适的行为（麦道夫企图从他的庞氏骗局中无限地获取收益）。

总之，普遍伦理利己主义者的捍卫者强调说，因为在竞技运动中蕴涵的"应该"原则理解起来毫无困难，我们同样也应该理解普遍伦理利己主义者的诉求，从而也会为拒绝前提 4 提供理由，因为该前提意味着普遍伦理利己主义者是前后不一致的。

难道没有办法应对普遍伦理利己主义的质疑吗

普遍伦理利己主义对于道德的质疑被证实是非常有力的，因为前三个论据都没有能够应对这一质疑。实际上，没有人能够为道德优于利己主义提供一个有力的捍卫，因此今天大多数道德哲学家都干脆放弃了试图证明道德在理性上是优于利己主义的。相反，他们看起来只是满足于证明道德在理性上是可行的，这就意味着利己主义在理性上也是适当的。大多数当代道德哲学家不知道他们还可以证明什么。

当今，道德哲学家几乎都达成了这一强烈共识：一些哲学家希望我们能够真正地提出一些论据，来证明道德是为理性所要求的，而非仅仅在理性上是适当的。在今天，大多数道德哲学家肯定会喜欢这样的一个好论点。鉴于道德是否能够证明其是出自理性这一问题的重要性，让我们再次考虑一下试着迎接普遍伦理利己主义的挑战，并且证明道德在理性上是优于利己主义的。

从理性到道德

让我们在起初就设想一下，我们中的每一个人都心怀利己和高尚两种信念并且按其要求行事，我们需要追问自己：利己和高尚，在理性上我们到底应该遵照哪一个规则行事。鉴于有时候会有人口是心非、表里不一，他们公开认可的原则同他们行事的原则并非一回事，因此这一问题无关乎我们在公开场合应该确认哪一种观点。相反，这一问题的重点在于，哪一种原则更为理性，更能在最深层次上——内心深处——为人所接受，如实地面对自己的内心。

的确，一些人无法按照道德原则行事。对这些人来说，根本就不存在行为高尚，或者纯粹利他之事。然而，这个有趣的哲学问题跟他们无关，而是跟像我们这样的人，即跟那些行事既高尚又利己的人有关，并且意图为这样一个特定的行动方针寻求一个理性的理由。

在试图决定我们应该如何行事之时，让我们假设一下我们希望能够构建一个有力的论证，支持道德是优于利己主义的。鉴于好的论据都是无需循环论证的，他们不认为他们正在试图证明什么。

在萨沙·吉特里（Sacha Giltry）的一部电影中，三个小偷就如何瓜分一些价值不菲的珍珠争执不下。其中一个小偷给了他右边的小偷两粒，又给了他左边的小偷两粒。然后他说："我要拿三粒。""那你凭什么就要拿三粒呢？"另外两名小偷中的一个问道。他回答说："因为我是咱们仨的头儿。""哦，那你凭什么就是我们的头儿呢？"另外一个小偷质问他。他又回答说，"因为我手里的珍珠更多。"在这部影片中，这一循环论证的论证只是假设它能够证明什么，就出乎意料地说服了另外两个小偷——因为他们并没有进一步追问下去珍珠到底是怎么分配的。然而让我们假设一下，我们并不回避问题的实质，而是构建一个有力的论据，以期做得更好。

此问题的本质在于，我们每个人究竟应该以何种原因为行事指导，并且如果我们起初只是就承认道德理性是我们每个人都应该遵守的行为规范，那么这一问题势必会面对普遍伦理利己主义（以下简称利己主义）的质疑。但是同理，如果我们只是简单地承认我们每个人理应将利己主义奉为圭臬，那同样也会面临道德的质疑。当然，这意味着，在回答这一问题的时候，我们不能仅仅只是承认利己主义的这一普遍原则，即每个人都应该采取那些最符合他根本利益的行动。

我们不能仅仅通过拒不承认道德理性与理性选择的关联来支持利己主义，同样也不能通过拒不承认个人的利益同理性选择的关联来为利他主义辩护，并且认可利他主义的基本原则：每个人都应该采取那些最符合他人根本利益的行动。

这就意味着，我们不能仅仅通过拒不承认道德理性与理性选择的关联来支持利己主义，同样也不能通过拒不承认个人的利益同理性选择的关联来为利他主义辩护。因此，我们别无选择，只得认可能够证明个人利益和利他原因都同理性选择有关的表面证据，然后，通盘考虑之余再试着决定采取哪种行为原则更符合理性的要求（需要注意的是，为了避免循环论证，我们需要避开利己主义和利他主义的基本原则。从这一角度来说，不管利己主义或者利他主义在理性上作何倾向，这仍将是一个开放性的问题）。

这就需要我们考虑两种情形：一种是个人利益与道德原则或者与利他原则相冲突，另一种则是没有丝毫冲突。

很显然，在没有冲突的情况下，两种原因都是决定性的原因，都可以作为行事的指导原则。在这一语境下，我们就应该以道德或者利他主义的规范为指导，或者为了个人利益行事。

思考如下的例子。假设你接受了一个工作，是在一个发展中国家销售婴儿配方奶粉。但是在该国，这一配方奶粉因使用不当导致婴儿死亡率有所上升。设想一下，你还可以接受一个同样有吸引力、报酬丰厚的工作，在一个发达国家销售一款相似的奶粉，同时该国也没有使用不当的情形。因此，对相关的个人利益的理性评估就不会对其中一个工作厚此薄彼。与此同时，很显然道德因素会谴责你接受第一份工作，当然你也可能会对此深以为然。此外，通过这一假设的案例，道德理性并不与相关的个人利益的理由冲突，它们只是在相关的个人利益的理由失语的时候作了推荐。因此，在这一案例中对所有相关原因进行理性衡量之后，不由得赞同既可以按相关的个人利益原则行事，也可以按照道德理性行事。

在冲突的状态下对这些相关原因进行理性衡量时，最好不要将这一冲突视为个人利益和道德理性之间的冲突，而将其视为利己和利他之间的冲突。以这种方式来看，可以有三种解决方案：

- 个人利益总是优先于与之冲突的利他的原因；

- 利他的原因总是优先于与之冲突的个人利益；
- 理性上要求某种程度的妥协。一经妥协之后，有时在个人利益和利他因素之间，会给予前者优先考量；有时又会选择后者。

一旦这一冲突以这种方式表达，第三种解决方案可视为理性所要求的。这是因为第一种和第二种都做出了一个排他的、非此即彼的决定，而对于这样一种排他性的优先，却只有一种循环论证的理由。只有通过实行第三种解决方案——有时选择利己，有时选择利他——我们才能避免面对一种循环论证的尴尬。

举例来说，假设你从事废弃物处理行业，并且已决定处理一批有毒废料。你所采取的方式可以降低成本，但是能预想到会给子孙后代带来重大伤害。如果你还可以采取其他可行办法来处理这批废料，虽说在成本节约方面收效甚微，但是不会对子孙后代造成太大损害。在这种情形下，你需要在以最低的成本处理有毒废料这一自私的原因和避免对子孙后代造成重大损害这一利他原则之间做出权衡。如果我们假设预估利益损失非常小，而对子孙后代的预估伤害非常大的话，那么在相关自私和利他原因之间的审慎妥协会侧重于利他因素。那么，以理性的非循环论证的标准来衡量的话，你的废料处理方式会与有关原则相互违背。

还需注意的是，这一理性的标准并不会支持任何自私和利他原因之间的妥协。这一妥协一定要是一个审慎的结果，否则的话，它就会在利己和利他之间反复循环论证。这样一种妥协，必须尊重利己和利他原因的次序。这些利己和利他的原因，都是分别由利己主义和利他主义视角强加的。于是，在这些原因之间达成的任何非任意性的妥协，都试图寻求不仅仅是对利己主义和利他主义的循环论证，还必须优先考虑在每个类别中等级最高的原因。如果不能优先考虑最高级别的利他或者利己原因，在其他条件相同的情况下，是有违理性的。

救生艇案例

当然，有这样一些情况，避免要求去做有悖于你最高原则的事情的唯一方法，就是通过要求某些人去做有悖于他或她最高原则的事情：其中一些事例被称为所谓的救生艇案例，正如两个个体被困在一个救生艇中，而救生艇中只有仅供一个人生存的物资。尽管这些案例无疑会非常难解（或许只是一个随机机制，比如抛硬币，能够提供一个合理的解决方案），它们肯定不能反映相关的利己和利他原因之间的典型的冲突。通常，一个或另一个冲突的原因在各自的等级上会排名更靠前，因此可以保证得出一个清晰的决议。

道德妥协

我们可以看到，利己和利他的原因之间，道德是如何被视为一个非任意性的妥协。首先，道德要求一定程度的自爱，或者至少是道德可以接受的范围。在这种情况下，高级自私的原因优先于低级的利他原因。其次，很显然，道德要求人们不能无底线地追求一己私利。在这种情况下，高级的、利他的原因优先于低级的、自私的原因。这样一来，道德就会被视为在利己和利他的原因之间一种非任意性的妥协。在利己和利他发生冲突时，构成这一妥协的"道德因素"可以被视为拥有绝对权威。

然而道德妥协能够为神话中的盖吉斯和现实中的麦道夫的利己主义行径提供一个答案吗？它确实为偏重道德贬抑利己主义提供了一个很好的、无需循环论证的理由。当然，这没有在现实生活中的利己主义者身上达到期望中的效果。他们或许不会在意自己正在做的事情和打算做的事情是否有拿得出手的理由。为了解决这一问题，我们或许不得不诉诸回避或胁迫。然而，如果我们需要求助于胁迫这一手段，道德妥协也能够为我们如此行事提供论据。那么，面对利己主义的质疑，我们还能做些什么呢？

当然，道德妥协如何在实践中加以落实仍需要被确定。发展至今，它对许多不同的解释持开放态度。功利主义的解读貌似倾向于其中一种解释，康德主义的解读是另外一种，亚里士多德的解读则又是另外一种。在接下来的几章中，我们都会接触到这些观点。因此，道德妥协绝不是解决现实道德问题的决策过程。尽管如此，不管不同解释之间的争论是如何解决的，有一点是显而易见的：如果站在一个无需循环论证的角度来看，不管是利己主义也好还是利他主义也罢，一些折中观点或者道德答案在理性上必是二者居其一的。那么这必定就足以为利己主义的质疑提供答案了。

结束语

在本章中我们看到，心理利己主义对伦理学的质疑是基于一个毫无意义的论点，即人们在某种程度上满足于自己的所作所为，从而混淆这一满意度的来源和途径——不管是出于利己原因还是利他原因。个体伦理利己主义的质疑也是半斤八两，它证明了自己无法为支持这一观点提供一个正当理由。相形之下，普遍伦理利己主义证明自己对于伦理学来说是一个难以应对的挑战，轻巧地避开了将原因公之于众的要求，对利己主义和种族主义之间的相似之处和前后一致性也是一种挑战。正如我们所看到的，这一挑战只能通过一个支持道德，而非支持利己主义和利他主义的非循环论证才能得到有效满足。

第四章

功利主义伦理学

功利主义伦理学家们都一贯承认，如果是为了大多数人更大的幸福和善，或者是为了所有人的幸福和善，一部分人的幸福或者善是可以被牺牲掉的。

功利主义所要求的是一种理想的、有同情心的道德行动者，关心并且认同每个人的利益。相应地，假如穷人的利益大于富人的损失的话，对于功利主义来说，对富人课税以保证穷人的基本生活也是允许的。

有时人们不由得会这么认为，功利主义最让人反感的道德观点并非是它会让我们做出我们一直认为是合法的行为，而是，或者说更为普遍的情况是，为了获得更大的利益，它会将那些加诸人（无辜的个体）的伤害变得合法化。

"9·11事件"之后的第一个周日，时任美国副总统迪克·切尼在美国全国广播公司（NBC）政论节目《会晤新闻界》（*Meet the Press*）的访谈节目中，就布什政府如何应对恐怖分子针对世界贸易中心和五角大楼的恐怖行为发表了一份有历史意义的声明：

　　我们要应对事件黑暗的一面，如果你愿意这么说的话。我们得在情报界度过一段艰难的岁月。要想取得成功，此后有很多需要我们做的事情都要悄悄地进行，也不必加以讨论，情报机构也要尽可能动用一切可以利用的资源和手段。这就是我们大家面临的真实情况……为了达成使命，我们不惜动用任何可用的资源，这一点至关重要。

　　我们现在明白，切尼所指的"9·11事件"之后美国政府政策的转向意思为何，包括释放军事力量，尤其是中央情报局的力量，违背《日内瓦公约》的规定。在《日内瓦公约》框架下，在押人员都应得到人道对待。如果他们拒绝配合审讯人员的讯问，他们不能受到惩罚；他们也有权利接触国际红十字会。《日内瓦公约》称，"对战俘不得施以肉体或精神上的酷刑或以任何其他胁迫方式来获得任何情报"。此外，公约还规定，为了确认其地位，任何战俘都有权参加主管法庭的听证会。

　　此外，尽管《联合国反酷刑公约》禁止任何缔约国"如有充分理由相信任何人在另一国家将有遭受酷刑的危险时，不得将该人驱逐、推回或引渡至该国"，"9·11事件"之后的布什政府经常利用引渡条款将人引渡至那些在当时都是众所周知滥用酷刑的国家，被美国国务院称为侵犯人权的国家。

功利主义伦理学介绍

然而，伦理学中的功利主义伦理学理论，或许能为刑罚提供理论支持。早在约公元前 468 年，这一理论首先由中国的墨子提出，很长一段时间内，对当时主流的儒家理论形成了挑战。然而在西方，这一理论可以追溯到弗朗西斯·哈奇森（Francis Hutchinson，1723 年—1790 年），大卫·休谟（David Hume，1711 年—1776 年)，以及对这一理论贡献最为卓越的杰里米·边沁（Jeremy Bentham,1748 年—1832 年）和约翰·斯图尔特·密尔（John Stuart Mill, 1806 年—1873 年）。1806 年，边沁和詹姆斯·密尔（James Mill，约翰·斯图尔特·密尔的父亲）进行了一次会晤，决定成立一个名为"哲学激进派"的小组，主张进行政治和社会改革。约翰·斯图尔特·密尔是一个哲学天才，三岁开始读希腊文，八岁开始学拉丁文，十岁就撰写了研究罗马法律史的图书，十五岁时开始研究边沁的著作。随后在其父的指引下，他开始仔细研读哲学激进派成员的著作。

对于边沁来说,道德只有一个至高原则，就是"功利原则"。这就要求我们总是应该选择给每个相关者带来最好结果的行为或社会政策。正如边沁在他的著作《道德和立法原理》（*The Principles of Morals and Zegislation*）中所指出的那样：

功利原则是指这样的原则，它按照看来是增加还是减少利益相关者的福利的倾向，来决定赞同或反对任何一个行为……

但是问题来了，谁是"利益相关者"呢？密尔非常清晰地就此进行了阐述，它是指每一个将会受到这一行为影响的个体：

构成功利主义行为正确标准的幸福，不是行为者自己的幸福，而是所有相关者的幸福。在他自己的幸福和其他人的幸福之间，功利主义要求他像一个利益无关而慈善的旁观者那样，严格地公正无私。

在他所处的时代里，边沁将这一功利主义标准诉诸支持宗教与政府分离，呼吁自由，结束奴隶制度，鼓励自由贸易，支持同性恋合法化以及建议废除死刑。密尔运用这一理论支持男性的普选权，支持比例代表制，支持工会，以及农业合作社。在 1869 年，密尔还出版了《妇女的从属地位》(*The Subjection of Women*) 一书，呼吁在功利主义基础上的性别平等。

边沁将幸福理解为快乐，并且在他看来，快乐并没有性质上的区别。因此，他的著名论断是，小孩子玩图钉所获的快乐与诗人从诗中所获的快乐，并没有质的区别，只有量的不同。虽然密尔也将幸福等同为快乐，但他却并不认同边沁所说的快乐没有性质上的区别这一说法。在他而言，玩图钉所获得的快乐同阅读莎士比亚的十四行诗所获得的愉悦感，是不可同日而语的。他还认为，那些有资格可以熟知这两种快乐的人，将更青睐那种在质上更优胜的、更高级的快乐。这一标准之下，他有一句名言为人所知，即"做一个对生活不满意的人好过做一只对生活满意的猪；当痛苦的苏格拉底胜过当快乐的傻瓜"。很显然，迄今为止，没有哪位有资格做出裁定的人能够成为一头真正的猪，然后再重新变回人形，告诉我们其间的真实感受。自然，密尔的主张一定是在严责同类，因为与真正的猪不同，他们没有能够好好地利用为人可以享受到的快乐。

尽管如此，批评家们仍指出，那些有助于我们的利益以及我们的福祉的事物，并不是我们个人所能体验到的快乐。举例来说，如果有人意图恶意中伤我们却被阻止了，那么我们的利益就得以维护了，即便我们本人从来没有听说过这一谣言，或者也没有受到来自该谣言的干扰。我们还认为，同他人之间保持某种关系是很有必要的，尤其是友谊，除去其他的快乐，我们或者任何人，都能或多或少地享受到来自友谊的乐趣。同样，当代功利主义者开始明白"福祉"的涵义远比边沁和密尔所陈述的要深远，它还意味着任何能够有助于我们的利益或者他人利益的事物。

功利主义伦理学的一个应用：为了大多数人的利益牺牲少数人

然而，不管其对个人的幸福是持着宽泛的理解还是抱有狭隘的观点，功利主义伦理学家们都一贯承认，如果是为了大多数人更大的幸福和善，或者是为了所有人的幸福和善，一部分人的幸福或者善是可以被牺牲掉的。功利主义伦理学的当代捍卫者们，有时会援引大卫·休谟的观点，声称功利主义所要求的是一种理想的、有同情心的道德行动者，关心并且认同每个人的利益。相应地，假如穷人的利益大于富人的损失的话，对于功利主义来说，对富人课税以保证穷人的基本生活也是允许的。

那么照此推论，因为既然对在押者实施刑罚能够有益于大多数人的根本利益，那么功利主义是否也可以成为支持实施刑罚的理由呢？有人或许会问，布什政府所认可的对待在押者的行为是否能构成刑罚。那些被认可的行为包括"水刑"，或者溺水以致窒息，一直以来都被《日内瓦公约》视为刑罚，并在第二次世界大战之后的东京审判中受到起诉，联合国也在1983年将其定为违法。

然而布什政府的律师们修改了刑罚的规定，使得"水刑"不再成为一种刑罚。时任美国司法部主管法律顾问办公室主任的杰伊·拜比（Jay Bybee）声称："刑罚所带来的肉体的痛苦，在剧烈程度上应该等同于严重的身体伤害带来的痛苦，比如脏器衰竭、身体功能受损甚或是死亡。对纯粹精神伤害或者痛苦而言，刑罚所带来的心理伤害会非常巨大，持续时间也会非常长，比如会持续几个月甚至是数年。"那么照此标准，或许美国中央情报局以及美国军队对在押者的所作所为都不能构成刑罚。

但是，此处我们不能歪曲或者违背长期以来国际公认的对刑罚的定义。我们承认水刑——或者那些比水刑更恐怖的处罚——就是刑罚。然后我们会问，因为这样做能带来想要的效果，因此将在押者置于此种刑罚之下就是正当的吗？或许对于美国来说，其合法性在于他们如此对待在押者是为了获取情报，从而保护美国本土及其公民不受侵害，也或者是为了其他的利益。换言之，如果实施刑罚是合理的，它必须是一种能够带来最大效益和福祉的有效手段。当然了，在押者在受刑时会遭受痛苦，而它为其他人所带来的补偿效益却为此带来了正当和合理的理由。这就是为什么或许美国中央情报局会拿功利主义来做挡箭牌，为他们在关塔那摩监狱、阿布格莱布监狱，或者秘密监狱和审讯中心施行的刑讯逼供找借口。

奥萨马·本·拉登和恐怖主义

但是，如果我们能在根本利益的基础上为虐囚找到正当理由，那么为什么恐怖主义的行为不能在相同的重要的基础上获得支持？

思考一下美国人最熟悉的那桩恐怖事件——"9·11事件"。在纽约一个晴朗的秋日清晨，早上8点45分，美国航空公司的11号航班被恐怖分子穆罕默德·阿塔劫持，撞上了位于纽约的世贸中心的北塔；20分钟后，美国联合航空公司的175号航班被恐怖分子马瓦·沙辛劫持，撞向了南塔。上午9点45分，另一架被劫持的客机撞向了五角大楼的西外墙面。在随后不到半个小时的时间里，第四架被劫持的客机坠毁在宾夕法尼亚州一片树木繁茂的领域。上午 9 点 50 分，世贸中心的南塔开始坍塌，一层一层开始坠落。40 分钟之后，北塔看起来像是爆炸了。双子塔轰然倒塌，大量的烟尘和碎片向四周喷射，弥漫了整个曼哈顿下城，数以千计的纽约人惊恐万分，四处逃窜。初步统计此次恐怖事件中死亡人数大概会超过 5 000 人，但是事后统计数字显示，共有 2974 人在此次恐怖袭击中丧生。

假设有人声称因为其结果，"9·11 事件"也是正义的。如果我们是功利主义者，不予考量事情的后果，我们就无法否认这种可能性。我们不得不思考本·拉登和基地恐怖组织在"9·11 事件"中得到的利益是什么，我们也不得不关注一下其他的一些后果。如果我们是功利主义者，我们就不能只是对这种说法简单地一笑置之。

那么"9·11 事件"所带来的后果是什么？首先，是美国军事武装力量入侵阿富汗。毫无疑问，这种入侵正是本·拉登所期盼的。然而，他或许认为美国军队会像 20 世纪 80 年代的苏联军队那样，陷入旷日持久的阿富汗地面战争中。尽管起初美国军队确实避免陷入其中，基地恐怖组织的兴起和渗透到巴基斯坦的阿富汗塔利班武装使得本·拉登——现在已被美国特种部队在巴基斯坦击毙——和基地恐怖组织还是能够从这次入侵中得益。

然而，本·拉登从"9·11 事件"得到的确凿益处是——他肯定没有这么直接地期望过——美国入侵和占领伊拉克。迄今为止，美国为这一军事入侵付出的代价是超过 4 000 人死亡，超过 30 000 人受伤，据估计经济损失达 4 万亿美元。仅战争的经济损失一项，就为美国增添了巨大的经济负担，肯定也限制了其在不久的将来的军事行动。目前美国无法再负担一场 4 万亿美元的战争，来打击基地恐怖组织在其他地区——比如埃及或者沙特阿拉伯——所引发的叛乱。因为它对伊拉克的入侵和占领，导致了美国现在军事行动受限，因此本·拉登从中受益，本·拉登的目标就是限制和削弱美国实力，尤其是在中东地区。

因为本·拉登和基地恐怖组织能够从中受益，是否这就意味着，在功利主义的角度看来，"9·11 事件"是有其合理性的？是否还意味着，因为我们这些生活在美国的民众都能从中受益，因此在功利主义看来，美国中央情报局和美国军队的一系列虐囚行为是有其合理性的？并不见得。这是因为按照功利主义的原则，在其他因素之外，在考虑某种行为的正当性时，我们需要考虑到该行为方方面面的所有情况，而不仅仅是其中一个方面。因此，我们也需要考虑到这些行为所带来的伤害，而非仅考虑其益处。

即便如此，我们似乎能够找出一些例子，即虽说某些人遭受了一些不可挽回的伤害，但是比起其他人从中所得的益处而言，却是微不足道的。因此，切尼认为介于这一行为确实给他人带来了福祉，所以中央情报局和军队加诸在押者身上的刑罚是合理的。当然，本·拉登及其追随者也认为，"9·11 事件"虽也造成死亡和毁灭，但是同其取得的良性结果——尤其是在中东地区——比起来，也是微乎其微的。然而，在功利主义伦理学看来，刑罚也好，恐怖主义行为也罢，这些行为的性质都取决于它们为某些人所带来的益处和成效是否能够超过它们加诸另外一些人身上的重大危害。

虚拟事例

为了更好地阐释这一可能性，即为了某些人的利益，就要对另一些人施加某些重大伤害，哲学家们经常会列举一些虚拟的案例。同现实生活中的事例有所不同，这些例子中所有的相关条件都可以加以明确限定，从而整个事例都可以按照规定发展。

思考以下例子。一位有才华的移植外科医生手里碰巧有五位病人：其中两人需要做肺移植手术，另外三位分别需要做心脏、肝脏和肾脏移植手术。如果没有合适的供体，这五位病人不久就会离世。遗憾的是，无法通过合法渠道获得器官以供手术移植使用。然而，一个身体健康的年轻人碰巧经过此处，他是来找这位医生做一个例行体检的。在检查身体的过程中，通过快速处理实验室结果，医生发现这位年轻人的器官同那五位生命垂危的病人都十分匹配。进一步做个假设，如果这个小伙子无亲无故，并没有任何在世的亲人，也没有任何密友，那么假使他从这世上消失了，也没有人会发现这一桩意外。那么，就没有任何功利主义的理由可以切割这个年轻人的器官以拯救这五个垂危的病人吗？

或者再思考一下如下的例子。一个身材高大的人领导着一个洞穴探察队，有一次卡在了一个山洞的洞口，而洞中洪水正不断在上涨。碰巧被困住的探险队手里有一根炸药，可以用它炸开洞穴。设想一下，此时那位身材高大的探险队长的头还在洞穴中，所以洞穴探察队员要么用炸药将队长炸开，要么他们所有人，包括该队长在内，都会在洪水中淹死。在这个例子中，很难否认从洞口炸开队长的道德合法性。毕竟，如果不这样做，整个探险队都会被洪水淹死，也包括队长本人。所以，此例中让队长为整个探险队做出牺牲就不会太过分。

　　现在，假设这位身材高大的队长的头是在洞穴外面，而不是在洞穴里面。在那种情形下，即使其他队员都被淹死了，而这位身材高大的人却不会。如果他能瘦下来一些的话，他最终就能从洞口中跻身而出。在这个例子中，那么困在洞中的这些探险队员是否还能够合理合法地使用这管炸药来拯救他们自己而牺牲掉这位队长？

　　在这个例子的洞穴探险队员版本中，同我们之前所遇到的例子都极为相似。因为它们都牵涉到为了给他人带来更大的利益，而将不可挽回的痛苦或者死亡加诸另一些人。前副总统切尼辩解说，虐囚是为了给他人带来更大的利益。根据"9·11事件"所产生的后果，尤其是在中东地区，本·拉登当然相信这一事件中的死亡和毁灭是正当合理的。同样，我们所假设的那位外科大夫打算切取一位非常健康的年轻人的器官，来拯救他另外五位生命垂危的病人。那么功利主义会赞同这些行为吗？

如果它赞同，那么我们岂非有足够的理由认为它是一种在道德上令人反感的观点？为了确定这一点，我们需要更清晰准确地陈述功利主义那些令人反感的地方。

对功利主义的一个异议：永不作恶

有时人们不由得会这么认为，功利主义最让人反感的道德观点并非是它会让我们做出我们一直认为是合法的行为，而是，或者说更为普遍的情况是，为了获得更大的利益，它会将那些加诸人（无辜的个体）的伤害变得合法化。有些人会援引"不作恶，即为善"，认为这一观点是一种合适的反对功利主义的表达方式。但这绝不是，如果是的话，那这便是功利主义道德观点中令人反感的地方。任何合乎情理的道德理论至少在某些情形下，都将会支持某些人为了获取更大的利益，而将某些或细微或可挽回的伤害加诸另外一群无辜的人。

举例来说，假如一位医生想要处理地铁站中的一个危急情况，他能在汹涌的人潮中挤过去的唯一办法就是从一些人脚上踩着过去。当然了，与危机处理完毕之后所产生的效益比较起来，这位医生踩了某些无辜群众的脚趾就变得无关紧要了，这在任何合乎情理的道德理论中都是无可厚非的。在这一事例中，与一个更大的利益相比，此处的伤害便不值一提。然而，在另外的例子中，所受到的伤害就不是微不足道了，却仍然是有挽回的余地，比如说为了阻止一个暂时萎靡不振、情绪消沉的朋友自杀，一个人可能会对她撒谎——她之后会为当时这一行为感激不尽。所以，任何缜密的、站得住脚的道德理论都会认为，在这一例子中，因为它产生的更大的利益，因此加诸无辜人士身上的伤害是情有可原的。

但是在有些情况下，所造成的伤害既不是微不足道的，也不是可以挽回的，那又当如何？我们之前提到的所有例子无一例外都属于上述情况：切尼支持用刑，本·拉登诉诸恐怖主义，外科医生谋求健康青年的器官，洞穴探险者牺牲大个子队长等。在这些例子中，我们可以想见这些行为本可使大多数民众（比如，100人，1 000人，100万人，可以是你能想象的任何数目）从中受益，但是前提是某个特殊的（无辜的）个体需要受到严重伤害，乃至死亡。诚然，在某一个时刻，任何合乎情理的道德理论都会支持牺牲个人。那么，功利主义伦理学认为可以伤害无辜者的利益以使得另外一些人获取更大的利益在道义上又有何错？如果它确实有错的话呢？正如我们之前所指出的那样，在某些情况下，任何合乎情理的道德理论都会支持这样做。更确切地说，功利主义在道义上的错误之处可能在于，如果说它真是一个令人反感的道德理论的话，在做过权衡取舍之余，并没有正当理由的前提下，它还允许甚至要求实施这种伤害。

对异议的完善和回答：必要的伤害和独立理性

那么在什么样的情形下，这种权衡取舍才是不正当、不合理的呢？当然，如果可以有其他可行的办法，能够避免造成如此大的伤害，且能够取得同样大的效益的话，它就是不合理的。

要想合乎道德伦理，这种手段只能是达到目的的唯一办法。

当然，在上述假设的事例中，身材高大的队长被困在山洞洞口，我们还可以规定非迫不得已不能取得如此后果，因此为了确保最理想的效果，只能是选择将卡在洞口的身材高大的队长炸开，只此一途，别无他法。然而在现实生活中，这种情况并不会经常遇到。

思考之前的例子。切尼声称为了获取情报，不得不对在押者实施刑罚，但是据同样讯问过在押者的美国联邦调查局称，其实在动用刑罚之前，真正需要的重要情报就已经拿到了，无需用刑。但是为了追求切尼所要的结果，是否就一定要动用刑罚，以及功利主义能否为实施刑罚提供正当理由——现在看来都还不能得出结论。同样，在本·拉登的例子中，似乎他也不必诉诸恐怖主义行径就能取得他想要的后果——削弱美国在中东的势力，也就是说，他原本无需轰炸非军事目标。比如说，本·拉登本可以不将目标对准世贸中心，而可以攻击五所美国陆军学校中的几所和五角大楼。当然，布什政府也还是最有可能采取同样的举措，在伊拉克发动一场损失惨重、代价高昂的战争，随之而来的是美国在中东地区的影响力被严重削弱。同时，那些在被劫持的飞机上的平民，他们的死亡也不应成为本·拉登达成自己政治目的的必要手段。如果被劫持的是货机，而飞行员可以用降落伞安全着陆的话，本·拉登或许能够更好地实现自己的政治诉求。那么同样，"9·11 事件"中本·拉登的恐怖主义行为是否是其达成政治诉求的必要手段，以及功利主义能否为"9·11事件"中的恐怖行为提供正当理由——现在看来也都还不能得出结论。

我们在外科医生和被困住的洞穴探险队员案例中已注意到，这些虚拟的案例可以被加以特殊的限定，以至于想要实现预想中的好的结果，只能通过预设的方法实现。现实生活远比虚拟的情境复杂得多。比如说，我们可以很容易地想到，人体器官移植机制并不会要求牺牲无辜人员的声明。如果有法律规定，在人们死后，或者是那些事故中的罹难者，他们的器官都可以通过公平的分配制度供有需要的病患移植使用。这样一来，即便不是全部，大多数的人体器官移植需求都可以得到满足。那么，为了能完成预期目标所假设的会产生危害的手段就不是必需的了，至少在现实生活中不是。

总之，如果不是在对伤害和利益有明确规定的情况下，我们无法轻易通过诉诸功利主义道德理论，来证明对某些人施加一些无可挽回的伤害，以换取另外一些人的根本利益是合理的。在实际生活中尤为如此，因为现实生活中可以用来实现目的的手段并不总是唯一的，并且可以选择避免造成这种无可挽回的伤害——这些选择也肯定会为功利主义者所称道。这就可以证明，功利主义的观点远不如某些人所声称那样令人反感。如果把所有可供选择的手段都考虑在内的话，尤其是考虑到现实生活中的例子，那这一观点很可能不会支持对一些无辜的个体造成无可挽回的伤害，以换取另外一些人更大的利益。

除了只是简单地声称它不会这样做之外，我们仍然希望能有更有力的证据来表明功利主义不会为这些行为提供正当理由。相反，我们想要找到独立的理由来证明伤害无辜的行为是不合理的。能找到这样的理由吗？

为了更好地回答这一问题，让我们首先来考虑一下对功利主义的另外一个辩护。该辩护企图通过区分两种不同形式的功利主义——行为功利主义和规则功利主义，来捍卫这一观点。

进一步论证：行为功利主义和规则功利主义

行为功利主义认为，当且仅当一个行为较之其他行为能够带来最大的善，它才是正确的；而规则功利主义则认为，当且仅当一个行为是由某个规则要求产生的，较之其他规则，该规则能够带来最大的善，它才是正确的。

现在，为功利主义辩护的观点指出，只有行为功利主义有时确实会支持对无辜的个体施加无可挽回的伤害以换取其他人的巨大利益，但是规则功利主义从来不支持这样做。那么，规则功利主义被认为在对无辜施加的伤害面前，它是有底线的。

考虑一下，在外科医生意图摘取健康的年轻人的器官的案例中，这一辩护观点应该怎样才能自圆其说。在这虚拟的案例中，行为功利主义要求利用健康的年轻人的器官来挽救五个生命垂危的病人，然而规则功利主义却禁止这样做，因为根据规则来说，只有使所有人的利益都达到最大化才算可以，因此"不能摘取健康人的器官"。

在规定的情境中，确实似乎该行为功利主义看起来会要求摘取年轻人的器官，然而正如我们之前所指出的，在现实生活中不太可能会发生。然而在那种规定的情境下，规则功利主义也会禁止该项行为吗？当然，如果规则是"不能摘取健康人的器官"的话，它就会禁止；因为在那种情况下，任何摘取人体器官的行为都会被禁止。那我们将如何得知该项特殊规则而不是任何其他规则，能够使整体的善实现最大化？当然，这一个特殊规则，较之一个宽纵摘取健康人的器官的行为规则，当然是会产生更大的、整体的善。

但是，如果有原则与初始原则一样有例外条款，当条件与我们虚拟的例子中规定的条件完全相当，它却允许摘取器官，那会怎样呢？考虑到这样一个规则甚至更有可能实现最大的善（总体上来说，有五个人的生命得以存活），行为功利主义和规则功利主义势必最终会赞同在虚拟案例中所发生的一切。那么，规则功利主义就无法再为加诸无辜人员身上的伤害设立一条底线。

现在假设有人为规则功利主义辩护说，更好的办法就是遵循无例外的规则，即使这样做并不能使整体的善达到最大化。但是这种辩护成立吗？回想一下，我们正在寻找一个答案，即为什么即使能够实现最大的善，我们也不应该对那些无辜的个体做出无可挽回的伤害。很显然，在这些例子中将整体的善最大化，将会与遵循无例外的规则发生冲突：指出这一点似乎并没有为拒绝这样的实施提供理由。那么遵循无例外的规则好处在哪儿呢？就这一点而言，捍卫规则功利主义的人大概会保持沉默。在捍卫这一观点上而言，似乎没有什么更多的可以说了。

这就意味着，即便加诸无辜者身上那些无可挽回的伤害可以获取最大的善，我们还是想要找出一个理由，能够抵制对无辜者加以伤害。我们开始想搞清楚这样的理由会是怎样的，那就让我们先来审视一个明显的、几乎每个人都能够接受的限制要求，在此之下，能够达成最大的善。

一个更好的论证："应该"蕴涵"能够"原则

设想一下：如果我能够像超人一样在天空自由飞翔，接住一个从公寓六层窗口跌落的小孩儿，然后把她安全交到感激涕零的父母怀中。当然，如果我能做到的话，几乎就能保证使总体的善得以最大化。同样，鉴于我本身并无超人的体力和本事，这也不是我分内必须要做的事。人们普遍认为一个人应该做的事是受制于其能力的。这些限制被表达为众所周知的"应该"（ought）蕴涵"能够"（can）原则。

从传统意义上来说，这一原则不仅仅通常被视为局限于我们身体上力所能及的事情，还包括我们在逻辑上和心理上所能够接受的事情。很明显，如果某种行为在逻辑上就行不通或者在心理上让人无法接受——正如某种行为超出了我们身体力所能及的程度一样——这同样也不能成其为某种我们应该去做的行为。这一传统的"应该"蕴涵"能够"原则因此一直为人所接受，并被其作为我们应该如何行事的限制条件，以及我们如何实现最大的善的一个独立的限制条件。现在让我们看看这一原则的外延如何能够合理地扩展至其通常的内涵之外。

假设你应允周五去出席一个会议，但是在周四你遭遇了一场严重的车祸，陷入昏迷之中。很显然，现在你没有能力，身体情况也不允许如期参加会议。现在扩展原则来了。假设在周四，你得了严重的肺部感染住院了。尽管从身体的角度来说，你去参会也不是不可能的，但是你肯定会理直气壮地指出，你不能去出席会议了，因为如果抱病参加会议会对健康状况造成一定的风险，要求你作出如此牺牲是不合情理的。

这样一来，如果要求我们作出牺牲是不合理的，这就给了我们一个合法的理由，可以无需照此行事；同"应该"蕴涵"能够"原则相似，关于我们应该做的事，我们还有另外一个类型的限制。确实，正如在之前的例子中提到的，如果进行规范表达的话，这些限制条件似乎有些雷同。我们可以说我们不能做这样的行为，或者在严格意义上说，在逻辑上、心理上或者体力上我们都不可能如此行事。因此，在如下所述的"应该"蕴涵"能够"扩展原则之下，我们有充分的原因把这些限制原则集合在一起：

在道德上，不能要求人们去做他们力所不能及的事情，也不能要求人们去作出巨大牺牲，或者对他们提出不合理的严苛限制。

现在请注意，如果我们将这一原则应用于之前的虚拟的例子，即外科医生摘取健康人的器官以拯救生命垂危的病人一事，那将会怎样？在这一案例中，这一个健康的年轻人与这五位病患之间的病情绝无关系，那么也绝不应该由他来为此负责。同样，大量的生命岌岌可危的例子也是如此。确切地说，如果这个外科医生成功得手，这一个健康的年轻人的性命就会被牺牲掉以挽救另外五个病人。既然在这样的情形中，责任和数目都是相关因素，但是在这种特殊情况下，这两样东西都不会起作用。当然，如果这个年轻人愿意牺牲自己来拯救其他五位病人，这就有关系了。然而，我做出了规定，在这个虚拟的案例中，健康人不愿做出牺牲。因此，"应该"蕴涵"能够"的扩展原则也会抵制强行摘取健康人的器官，因为这是一种不合理的牺牲；即使它能够实现最大的善，也要将其视为一种道德不能要求的行为。幸运的是，这正是我们所寻求的结果——在实现最大的善的过程中，要为加诸无辜个体之上的无可挽回的伤害设立一个独立的限制。

然而，一般来说，尽管"应该"蕴涵"能够"的扩展原则抵制为了实现最大的善而将无可挽回的伤害加诸无辜个体，然而情形并非总是如此。在个别情况下，这一规则也不会抵制对无辜个体加以伤害，就像在洞穴探险者一例中，要求一同受灾的人接受这种伤害就是合情合理的。在洞穴探险者一例中，我们可以看到这一情形。这是因为我们能够想象到所有的探险者，包括那位身材高大的队长，事先都会统一意见，如果他们中有人不幸陷在洞口的话，可以用一管炸药将这个人从洞口炸开。这一假设的协定可以为在这种情形以及在类似的情形下如此行事提供合理性。当然，在现实生活中，到底在什么情形下可以应用"应该"蕴涵"能够"这一扩展原则很难抉择；但是也可能不会比决定如何才能够实现最大的善更困难。

"应该"蕴涵"能够"和扩展原则为加诸无辜个体的不可挽回的伤害设置了底线，它有一个明显的优势，即这一原则本就是功利主义伦理学的题中应有之义。事实上，这一原则也蕴涵在所有的道德和政治观点中。这一原则包含了传统的"应该"蕴涵"能够"原则，将道德与理性相互关联，认为道德规范不应要求人们作出不合理的牺牲。鉴于这些限制条件都是为所有的道德和政治观点所认可的，这一合二为一的原则也将会为人所认可。

结束语

在本章开头，我们考虑到了这样一种可能性：切尼和本·拉登或许可以诉诸功利主义伦理学。我们考虑到，切尼可能会用这一观点为其政府实施刑罚辩护，本·拉登也可能会借助这一观点来为恐怖主义行径正名。我们最后得出结论，虽然为了谋求最大的善，功利主义伦理学在原则上允许对无辜个体实施无法补救的伤害，但事实上，总是有其他途径可以获得这一最大的善，而不需要伤害无辜个体。实际上，不管是美国政府实施刑罚，还是本·拉登的恐怖主义行径，对于他们所要实现的功利性目标来说，都是不必要的手段。

虽然这一认识有所裨益，但是还是不够全面。事实上，我们能够争辩，诉诸刑罚或者恐怖行径通常不是实现最大的善所必需的手段；我们所要求的无非是为不对无辜者加诸无可挽回的伤害寻找一个理由，因其与谋求最大的善无关——也是一件值得宽慰的事。

最初，我们在行为功利主义和规则功利主义之间寻找差别，因为这一差别已经被用来试着为加诸无辜个体的无可挽回的伤害方面提供一种方式，设置一个底线。遗憾的是，结果证明，只有当我们为遵循无规则这一想法本身所吸引时，这一差别才会起作用。然而，很显然，我们应该遵循的无例外原则似乎并非独立的原因，来解释我们为什么要为那些加诸无辜个体的无可挽回的伤害设置一个底线。

至少，自边沁和密尔以来，很多道德哲学家们将功利主义伦理学抛诸脑后，因为他们认为它很轻易地就可以证明，为了达到更大的善，对无辜个体实施不可挽回的伤害是有其合理性的。在本章中我们看到：

1. 一旦同其他选择相互权衡之后，我们就会证明它们事实上并不足以实现最大的善；

2. 一旦我们看到，功利主义伦理学受到"应该"蕴涵"能够"扩展原则内部约束，就能找到其他理由避免强加于他人的行为。

经过这样解读之后，功利主义伦理学就不乏为一个相当有吸引力的道德观点了。

第五章

康 德 伦 理 学

在对待穷人和弱势群体方面，康德伦理学的一个解读采用福利自由（福利及其他）视角，而另外一个解读采用自由主义（没有福利）视角。

福利自由主义观点诉诸康德理论中的一种公平的理想状态来支持福利权利，自由主义者的观点也同样诉诸康德理论中的一种自由的理想状态来表达反对。

现在贫富之间的冲突被视为自由之间的冲突，我们既可以说富人应该享有不受干涉地将自己多余的资源用于满足奢侈需求的自由，或者我们还可以说穷人应该拥有可以不用从富人手中获取资源用来满足自己的基本生存需要的自由。如果我们选择其中一种自由的话，我们就必须摒弃另外一种。因此，我们需要明确的是，哪种自由在道德上是可行的——是富人的自由，还是穷人的自由。

一谈到第四章所提到的功利主义伦理学，经常会遭到如下一种质疑：如果人人都这么做呢？比方说，假设你想要偷税漏税，逃避服兵役，或者为了推进你的项目而撒个无伤大雅的小谎。假如被人质疑"如果人人都这么做呢"，你将作何回应？

　　注意，问题不在于每个人都将按你所打算的那样采取行动，而是你和其他人的行为的合力会造成灾难性的后果。那样就是另一个论点了——一个基于你和他人行为的实际后果的论点——并且也不是一个好论点，因为没有理由认为你的行为方式和其他人的行为方式将会如出一辙。但这不是此处想要表达的说法。此处要讨论的，不是基于实际要发生的事情，而是基于如果别人按照你提议的那样采取行动，将会发生些什么。

　　这种观点在历史上起源于伊曼努尔·康德（Immanuel Kant，1724 年—1804 年）的著作。康德出生于东普鲁士的柯尼斯堡（现被称为加里宁格勒市，属于俄罗斯的领土），一生深居简出，从未去过离出生地超过 40 英里的地方。他的生活单调刻板、有条不紊，每天下午 3 点准时出门散步，据传柯尼斯堡人都纷纷以他出门的时间来校对钟表。他著名的论述有《道德形而上学基础》（*Foundations of a Metaphysics of Moralc*，1786）、《实践理性批判》（*Critique of Practical Reason*，1790）和《道德形而上学》（*Metaphysics of Morals*，1797）等。

康德的绝对命令测试

对于康德而言，考察某种行为是否合乎道德，就要看它是否满足某项特定的测试：类似于某种询问"如果人人都这么做呢？"康德将这一测试称为"绝对命令"，并且第一次对此做出了明确规定，即它要求我们：

只根据你决意依据、同时称为普遍法则的准则而行动。

就这一原则的应用来说，就是当你试图实施一个特定的行动时，你不得不考虑，如果你计划实施那个行动，你所遵循的规范是什么。这就是那个"行动的准则"。为了解释这一准则如何运作，康德给出了几个例子：

假如我需要借钱，并且我知道没人会借给我，除非我承诺还钱。但是，假设我也知道我并没有能力还钱。因此，为了劝说别人借钱给我，我是不是应该许诺会偿还债务，虽然我知道自己做不到？

如果我打算这样做，这个"行动的准则"（我所遵循的规范）是：每当你需要借钱时，就要允诺会还钱，不管你认为自己实际上会不会还钱。

现在，这个原则能够成为普遍法则吗？显然不会，正如我们所认识到的那样，每个人都知道，在这种情况下许诺会变得毫无意义。因为那样一来，就没有人会相信这种许诺，因此也就没有人会借钱给别人。正如康德自己写道："没人会相信他的许诺，而只是将任何这类的断言当作徒劳的虚伪付之一笑。"因此在这种情形下，虚假承诺的行为不太可能长久。在康德看来，在这种情形下作出一个虚假的承诺，不符合他的绝对命令测试。

在另一个例子中，康德将这一绝对命令测试作了如下解释：

假设有人拒绝帮助需要他帮助的人，并对自己说这和我有什么关系？如上天所愿，让每个人都幸福吧……对他的福利或者他需要的帮助，我也不想作出任何贡献。

康德再次声称，这一规则不能成为普遍法则。因为在将来的某个时候，这个人自己也会需要其他人的帮助，届时她也不想让自己被别人如此冷漠对待。康德认为，此时她决意不帮助有需要的人，将来在她有需要的时候，会处于两难境地。

康德、利己主义和假言命令

康德还认为绝对命令测试所认可的格言，是理性和道德的必然要求。然而，与道德明显针锋相对的利己主义者还可以被理解为根据一个普遍规律行事，尽管同致力于道德的那些人行事所遵循的普遍规则有所不同。对于利己主义者来说合适的规则是，每个人都应该按照最符合其利益的方式行事。与绝对命令和符合这一测试的格言类似，利己主义原则的每种方式似乎都是终极定律。

然而，如何甄别利己主义的要求（自我利益），关键在于它们无法通过康德的绝对命令测试。尽管利己主义者承认其他人可以做最符合他自己利益的事情，但是她不需要，也不想要其他人这么做，尤其是当他人利益与她自己的利益发生冲突的时候。照这样看来，这一行为没有什么不合理之处。事实上，正如我们在第三章所指出的那样，这一行为同竞技比赛中的选手的行为很相似。比如说在棒球游戏中，投手或许会认为第一垒的跑垒员想要偷偷打进第二垒，但是他不想让对方得逞，于是就想阻止对方这么做。既然我们并不认为投手的行为是非理性的，就无法给出利己主义者相似的行为就要被视为非理性的理由。

　　然而，利己主义者肯定会毫无保留地赞同康德关于假言命令的论述。对于康德来说，假言命令告诉我们，如果有相关的欲望和需求，我们就应该去做某事。如果你梦想做一名芭蕾舞艺术家，那么你就应该持之以恒地练习；如果你想取得波士顿马拉松参赛资格，那么你就应该每天跑 10 公里进行锻炼。利己主义者接受假言命令的强制条件肯定也毫无困难，因为这些条件同利己主义本身的规范承诺丝毫不冲突。这是因为任何人都可以拒绝假言命令的规范效力所依赖的相关欲望。比如说，如果你不再梦想做一个芭蕾舞艺术家转而想从政，某些假言命令就失去了它的规范效力，而其他的命令则具有了规范效力。然而，对于利己主义者来说，作为理性的要求，接受有条件的假言命令的规范效力同拒绝绝对命令测试是完全一致的。利己主义者有自己的方式来进行普适化，却没有被证明是非理性的，因为她无意于像康德的绝对命令测试要求的那样，致力于将标准普适化。那么，如果我们想要以理性为理由击败利己主义者，我们就需要使用第三章中提到的方法。

道德的核心要求

然而，满足康德的测试并不能说明道德的核心要求普适化。在道德上要求我所做的，必须也要对与我生活在同一情境下的其他人做同样要求。这就意味着，道德规范不仅仅要满足"应该"蕴涵"能够"原则，同时在逻辑、体力和心理上也是我力所能及的。必须有可能使道德规范普适化，因此这种情况下说明了，在同样的情境下，每个人都能够做到我所做的事情。这正是康德的测试所要求的。

然而，符合康德测试的格言在道德上还是有缺陷。要明白这一道理，试想一下康德的撒谎例子的另一个版本，此处一个人的格言就是向别人撒谎，但是前提是类似处境中有足够多的其他人不这样做。受此限制，普遍撒谎的现象并不会对一般实践承诺产生负面影响，因为只有少量的人才会违背自己的承诺。这样一个格言就会通过康德的绝对命令测试。

仅有普适化是不够的

即便如此，这些格言还是有一个道德问题。如果它们允许在有足够多的人不如此行事时，任何人都可以违背自己的承诺。这一点太过分了。恪守承诺的例外情况肯定不能如此之多，以至于它们会对实践产生一个消极的影响。即使就像康德的绝对命令测试所要求的那样，假设这一影响并不存在，也不足以证明自己就可以成为一个例外。道德要求我们做的不仅如此，它要求信守承诺并不会对其他人造成不合理的负担，它必须也对这些情况作出进一步限制，即人们有充分的理由违背自己的诺言。只是声称我不遵守自己的承诺影响有限，其他人行事不变就不会对诚信守诺这一实践造成负面影响，这并不能为我不信守诺言提供足够的理由。还必须为我不信守诺言提供进一步的理由，但是不会为同样处境下的他人的失信行为提供解释。那么，道德要求格言的普适化需要与足够的道德理由相结合，以决定通过显性或隐性的方式包含在这些格言内的例外情况。

此外在这些情况下，人们所遵循的格言永远不可能完全被解释清楚。很明显，社会法则永远都不可能被详细加以解释，以指明所有当前和未来我们应该做出的例外。这就是为什么我们需要法庭来解释法则。但是这对于我们作出的承诺和签订的协议也同样有效，它们同样永远不可能被详细加以解释，以指明所有当前和未来我们应该遵循的例外。总之，是普适化和适当的理由决定了将我们紧密联系在一起的道德之外的特殊情况。

然而，正如康德绝对命令普适性测试需要有足够的道德理由对特殊情况加以补充，以便合理解释为什么在道德上我们要这么做，和持有类似于"如果每个人都这么做怎么办"的观点。这个道德测试本身并不够。这一论证指明了道德规范必须是普适化的，这一点是正确的；它还进一步建议假设每个人都如你一般行事，就会导致灾难性的后果，那么你的行为就没有充分的理由。这样做的原因并不在于这一灾难性的后果真的会发生。相反，这是因为如此一来，你就有可能从违背诺言中获益，但前提是在相同处境下，有足够多的其他人不会如你一般行事。这说明，倘若不能为你违背诺言的行为，而不是他们的行为提供理由的话，你失信的行为在道德上就是不合理的，因为这将会给其他人带来不合理的负担，从而会给你一个有失公平的优势。

康德测试的其他模式

并不意外的是，康德在他绝对命令的其他两个模式中，清楚地介绍了对于他的普适性测试的进一步的道德约束。在其中一个模式中，康德要求我们不能仅仅把人当作手段。他在所举的例子运用了这一绝对命令的模式，在他的例子中，康德指出，有人想作出虚假的承诺，而这样一个虚假承诺只是将接受承诺的一方当成了手段。然而，正如我们指出的，如果恪守承诺的例外情形在道德上有充分的理由，那么或许这样做将涉及对所影响的每个人都表示适当的尊重，也就不涉及将任何人都只是当作工具。

康德还认为，只有在"他人的自由和财产"即将被剥夺之时，人可以被用作手段。虽然康德并没有明确指出这种事什么时候会发生，当代自由主义者经常声称自己是康德的拥趸，因为他们看重自由和财产。

在绝对命令的另外一个模式中，康德还要求，在一个所有人都受到尊重的、理想化的"目的王国"中，我们普适化的箴言必须能为每个人接受。20世纪著名哲学家约翰·罗尔斯和他的后继者们，致力于推进康德的绝对命令的模式所提出的规范标准，但是他们的方式却显得与康德伦理学的自由主义解读相互冲突。

因此，康德绝对命令测试其他模式的道德限制对于排除普适性实践中的异常问题确有裨益，这些异常情况中，为了一些人的利益，通常会将其他人置于不公平的劣势。与此同时，它们还意味着，为了康德主义伦理学能够更好地在实际中应用，在应该如何对待穷人或弱势群体方面，需要我们坚定地持有某种态度，对此康德伦理学貌似存在着不同解读。那么让我们依次审视一下对康德伦理学的不同解读。

对康德伦理学的两种解读

在对待穷人和弱势群体方面，康德伦理学的一个解读采用福利自由主义（福利及其他）视角，而另外一个解读采用自由主义（没有福利）视角。

福利自由主义

很显然，约翰·罗尔斯是福利自由观点最为著名的捍卫者。

在他饱受赞誉的著作《正义论》（*The Theory of Justice*）中，罗尔斯阐述了道德或者正义原则应当产生于理想化的选择情况中，类似于康德的"目的王国"，在那里，希望每个人都是目的，而不仅仅是一种手段。不过，罗尔斯超越了康德，他将这一理想化的选择情况明晰地规定为"无知之幕"。罗尔斯声称，要达成公正的协议，这一"无知之幕"就要求我们忽视某些已经掌握的知识。

其实这里所讨论的问题，有一个很好的例子，就是对陪审团藏匿某些消息。正如我们所知道的那样，法官们有时会拒绝让陪审团听到某些证词。这一实践背后的基本原理是，某些信息对于正在审理的案子来说是非常不利的，也或者根本与本案无关。这一实践的目的在于，排除了这些无关信息的干扰之后，陪审团能够做出公正的裁决。同样，如果不利或者无关的信息——不管有意还是无意的——在法庭上脱口而出，法官通常会示意陪审团直接忽视该信息，期望借此提高陪审团做出公正裁决的可能性。当然，法官和陪审团的成员是否真正尽职尽责，就无关紧要了。关键在于我们认识到，在这些情况下，为了达到公正的结果，正义需要我们屏蔽某些信息。

罗尔斯理想化的选择情况可以被简单视为这一实践的一个概括。它主张，如果我们要在总体上构建一个权利和义务的公平系统，那么在选择权利和义务的系统时，我们必须忽视与我们自身有关的一些信息。而且，我们必须无视我们是贫是富，有才华还是没才华，男性还是女性，或者忘记我们是否有特殊的性取向等一系列信息。总之，这一正义的理想状态要求我们仿佛是在一个虚拟的"无知之幕"背后做出选择，在这个幕后，我们对于自身的大部分特殊情况一无所知，这些信息会导致我们的选择出现偏差，或者妨碍我们达成一致意见。罗尔斯将这种选择情形称为"原初状态"，而这种状态应该是我们的起点，由此出发，我们决定什么是人们应该拥有的根本权利和义务。

很显然，罗尔斯的"原初状态"这一制度设计在现行的福利制度中几乎是行不通的。假设阿比盖尔不知道自己是有钱还是没钱，而且她也下定决心，不管她所生活的社会是否施行一种税收支持的福利制度，她都要选择一种福利制度。她或许会作如下推论：假如我碰巧是个富人，我的一部分财产被国家征税以资助穷人，我可能会有点儿不高兴；但是如果我是个穷人，我所生活的社会没有税收支持的福利制度，而且又没有大量的慈善机构的话，我的基本生活需求都会得不到保障，生活就会一团糟。所以，如果在"无知之幕"的后面、以罗尔斯所谓的"原初状态"做出选择，每个人都会倾向于选择一个或某种意义上的税收支持的福利制度。

在罗尔斯的"原初状态"下选择的福利制度也不是无条件的。回想一下《伊索寓言》中那个蚂蚁和蚂蚱的故事。整个夏天，蚂蚱都在唱歌跳舞，享受美好时光，没有为即将到来的冬天储备食物；而蚂蚁非常勤奋，在农场来来回回，为冬天储存食物。冬天很快来临了，蚂蚱恳请蚂蚁给自己分点食物，结果遭到了后者的拒绝，并且还提醒它说，夏天唱歌跳舞的时候，为什么就没想到冬天呢？同样，处在罗尔斯的"原初状态"下的人们，会选择靠税收支持的福利制度，但前提条件是在合法的条件下，穷人首先应该做些什么来自救。即便最后证明他们同《伊索寓言》中那个蚂蚱的处境很相似，处在罗尔斯的"原初状态"下的人们可能会推论说他们强行让别人帮助他们是不合理的吗？然而，康德伦理学衍生的一个观点被认为会导向靠税收支持的福利制度，而另一个观点则反映了康德理论的另一个部分，即会导致拒绝这样一个制度。

自由主义

于是，当代自由主义学者们将自己视为康德主义理想的自由状态的捍卫者，避免只是将人作为工具对待。奥地利裔哲学家、经济学家、诺贝尔经济学奖得主弗里德里克·A·哈耶克（F.A. Hayek），或许是当代最为著名的自由主义者。哈耶克认为自己的作品重述了我们时代的自由理想状态——"我们关心的是人的状态，社会中人与人之间的胁迫会降至最低"。同样，美国哲学家、自由党总统候选人约翰·霍斯珀斯（John Hospers）相信自由主义是一种个人自由的理念：每个人都有自行选择自己生活的自由，前提是他不会试图胁迫他人，不会阻止别人按照自己的意愿生活。当代哲学家罗伯特·诺奇克（Robert Nozick）声称，如果一个道德观点超越了自由主义的边界约束而只是禁止干涉，它不能避免其不断干扰人们生活的前景。

将自由理解为没有别人干涉，去做他们想要的或者能够去做的事情，自由主义对他们的政治理想进一步作出了表述，将其描述为要求每个人都应该拥有最大限度的自由，同时在道德上又不与其他人的最大限度的自由相悖。自由主义者对他们的理想状态作了这样一种解读，声称获得一些更具体的权利，尤其是一种生活的权利——一种言论、出版和机会的自由，一种财产的自由。

此处重要的一点是，要注意到自由主义者所主张的，不是一种从他人处获得物质和资源以延续自己生活的权利；它只不过是一种使自己的生活免受干扰的权利。相应地，自由主义者所主张的财产权也不是指为了自己必要的福利而接受他人的物质和资源，而通常是指在任何物质和资源方面都不被干扰的权利，这些物质和资源都是通过最初收购或自愿协议合理合法地获得的。

支持例证

为了支持他们的观点，自由主义者举出了如下的例证。最初的两个是改编自美国经济学家、诺贝尔奖得主米尔顿·弗里德曼（Milton Friedman），最后一个例子来自于罗伯特·诺奇克。

在第一个例子中，假设你和你的朋友们在马路上散步，你碰巧注意到人行道上有一张百元大钞。设想一下，一个富人此前经过这里，并遗落了一些百元大钞，你碰巧走运捡到了其中一张。对于弗里德曼来说，你如果和你的朋友们分享这份好运气，那实在太好了。然而，他们并没有权利要求你这么做，因此，他们也不应该强求你去和他们分享这100美元。同样，弗里德曼试图说服我们，如果我们能为那些不如我们幸运的社会成员提供福利，那就更好了。然而，这些不那么幸运的社会成员也没有权利要求福利，因此，他们也不应该强求我们为他们提供福利。

第二个例子——在弗里德曼看来和第一个情形类似——假设有四个鲁宾逊·克鲁索，每人都独自逃亡，到了四个相邻的无人居住的岛上。其中一位碰巧到了一个富饶的岛上，他在此地能过上一份富足和轻松的生活。其他三人碰巧到了一个面积狭小且贫瘠的岛上，在这里他们食不果腹、生活艰难。假设，某一天他们发现了彼此的生存境况。现在，据弗里德曼看来，如果那位幸运的克鲁索能同其他三位分享自己岛上的资源，那就太好了；但是那三位不如他幸运的同伴却没权利要求他分享，他们如果强行要求也是不应该的。相应地，弗里德曼认为我们有权利为其他不如我们幸运的社会成员提供福利，但是那些不够幸运的成员却没有权利要求我们如此做，如果他们强求，也是错的。

在第三个例子中，罗伯特·诺奇克要求我们想象一下，假设我们身处其中的社会是按某种理想模式来分配收入的，很可能是种平等的模式。我们进一步设想一下，在这样一个社会中，假设某人拥有与科比·布莱恩特类似的运动才能，他表示愿意

　心灵三问：伦理学与生活
Introducing Ethics: For Here and Now

为我们打球,前提是他能从主场比赛的每张票款中获取10美元。假设我们同意了这些条件,有200万观众前来观看布莱恩特打比赛,从而能够保证他有2 000万美元的收入。既然这样一个收入肯定会颠覆初始的收入分配模式,不管发生什么事,诺奇克辩称这说明了自由的一个理想状态颠覆了正义的其他概念所要求的模式,因此呼吁拒绝它们。

当然,自由主义者承认如果富人能够将他们多余的物资和资源分给穷人是一桩好事,正如米尔顿·弗里德曼所承认的那样,如果你能将你捡到的100美元跟你的朋友分享,在富庶岛屿上居住的鲁滨逊·克鲁索与在贫瘠的岛屿上居住的鲁滨逊·克鲁索分享资源,也都是件好事。然而,他们否认政府有责任和义务来满足此种需求。自由主义者声称,一些令人鼓舞的事,比如为穷人提供福利,应是出自慈善而非义务的要求。因此,如果不能提供这些不应受到谴责和惩罚,也不应强制要求别人做慈善。鉴于这一点,自由主义者反对靠税收支持的福利项目。

因此,康德的道德理论在当代伦理学理论中引起了两个貌似有分歧的观点。福利自由主义观点支持福利的权利,而自由主义者表示反对。福利自由主义观点诉诸康德理论中的一种公平的理想状态来支持福利权利,自由主义者的观点也同样诉诸康德理论中的一种自由的理想状态来表达反对。

那么,可否以一种无需循环论证的方式说,公平理想状态优先于自由的理想状态,或者相反?由于尚不清楚一个人要怎么做，那么是否有一些更普遍的道德理想呢？比如彼此尊重的理想状态，可以被用来证明选择其中之一？再次，尚不清楚一个人如何能够展示这一点。比如说，公平和自由的理想状态都可以被合理地解释为对更为广泛的尊重的理想状态的解读，因此，不能用来在两者之间做出选择。

此时，一些当代哲学家们，尤其是当代著名哲学家阿拉斯代尔·麦金泰尔（Alasdair MacIntyre）认为，我们面对的是不可比较的理想状态，它们之间没有非任意的选择方式。但是在这方面，仍然存在一种能够做出选择的理性方式。假设自由主义的自由的理想状态可以用来证明支持福利的同一个权利，这一权利也同样受到福利自由主义的公平的理想状态的支持。这肯定将是在两种看似不同的理想之间的冲突之间一个受欢迎的决议。然而，在自由所要求的理想状态方面，自由主义者真的可能是错误的吗？

自由之间的冲突

为了考察是否是这种情况，我们来看看一个穷人和富人之间典型的冲突情形。在冲突状态下，富人当然拥有能够满足他们的基本生活需求之外的更多资源。相形之下，设想一下即使穷人尝试了所有可用的手段，他们依然缺少足够的、能够满足自己生存需求的资源，无法过上一种体面的生活，对此自由主义者认为获取这些资源是合法的。在这种情形下，自由主义者主张富人理应拥有自由，如果他们愿意的话，他们可以用自己掌握的资源来满足自身奢侈性的需求。自由主义者认识到，享受这种自由可能带来的后果是，穷人的基本需求无法得到满足；他们只是认为，较之其他政治理想，自由总是享有优先权。既然他们假设在这种冲突的情境下，穷人的自由不会受到威胁，他们就很容易得出结论，不应该要求富人牺牲他们的自由去尽可能满足穷人的基本需求。

当然，自由主义者承认，如果富人将他们多余的资源分给穷人将会是一件好事。然而，在自由主义者看来，不能对这种慈善行为做出要求，因为他们认为在这种冲突状态下，穷人的自由并未受到威胁。鉴于他们要将富人的剩余财产拿来以满足自己基本生存需要，真正受到威胁的是穷人不受干涉的自由。

现在贫富之间的冲突被视为自由之间的冲突，我们既可以说富人应该享有不受干涉地将自己多余的资源用于满足奢侈需求的自由，或者我们还可以说穷人应该拥有可以不用从富人手中获取资源用来满足自己的基本生存需要的自由。如果我们选择其中一种自由的话，我们就必须摒弃另外一种。因此，我们需要明确的是，哪种自由在道德上是可行的——是富人的自由，还是穷人的自由。

"应该"蕴涵"能够"原则的一个扩展原则

现在你明白了为什么较之于富人的自由，穷人的自由在道德上更是可取的：穷人的自由被理解为其不受干涉的自由，即可以自由地从他人那里取得多余物资，用来满足自己的基本生存需求；富人的自由被理解为可以自行运用个人多余物资来满足奢侈性的目的，而不必受他人干涉。正如我们在解读功利主义伦理学时候所做的那样，我们只需再次诉诸"应该"蕴涵"能够"原则的扩展原则。这一原则将传统的"应该"蕴涵"能够"原则与道德不应该将不合理的要求加诸任何人这一普通信念结合在了一起，根据这一原则，道德不应要求人们去做那些他们没有能力去做的事情，或者要求他们作出巨大的牺牲或克制，而这种牺牲或者克制都是一种不合理的要求。

现在，将"应该"蕴涵"能够"原则的扩展原则应用于我们手边的案例，很明显，穷人有能力让渡这样一项重要的自由，即可以不受干涉地从富人那里取得多余物资，以满足自己的基本生存需求，他们能够做到这一点。然而，在这种语境下，要求他们接受这么巨大的限制是不合理的。在极端的情况下，它牵涉到要求穷人袖手旁观、坐以待毙。当然，在放弃这一权利方面，穷人可能别无他法，没有真正的选择。做出其他选择可能会对他们自身产生严重后果，甚至是导致痛苦的死亡。于是，我们不难料想，尽管并非心甘情愿，穷人也可能会同意一种政治体系，虽然该体系拒绝他们拥有受到该项自由支持的福利权利，同时我们认识到这样一种体系也将一种不合理的限制强加给了穷人：我们在道德上无法谴责穷人试图逃避这种限制。与此类似，我们或许期待看到一个生命受到威胁的女性会屈从于强奸犯的要求，同时我们也意识到这些要求是极其不合理的。

相比之下，在这种语境下，为了使穷人拥有满足他们基本生存需求的自由，要求富人牺牲自己一些奢侈性需要的自由，也是不合理的。自然而然地，我们或许会期望看到富人为了自己的利益或者为了历史贡献，可能是不愿做出这样的牺牲。我们甚至可以假设，富人的历史贡献为不用牺牲自己的奢侈需求提供了充分的理由。然而，富人不能因为放弃这样一个自由涉及如此巨大的牺牲就声称这是不合理的要求。因此，此处是富人而非穷人，在道德上应该受到谴责，并且可以强制他们作出适当的牺牲。

因此，如果我们假设不管我们如何将道德规范加以细化，它们都不能违背"应该"蕴涵"能够"原则的扩展原则，这说明，尽管自由主义者声称他们所认可的自由权利，实际上更倾向于穷人的自由，而非富人的自由。

自由主义者的异议

然而，自由主义者不能反对这一结论，即声称如果要求富人牺牲自己享受奢侈品的自由而去满足穷人的基本生活需求，是不合理的。正如我之前所指出的，自由主义者通常不会将这一情形视作自由的冲突，但是让我们假设他们是这么认为的。这样的反对意见会在多大程度上可信呢？

思考一下：在事关穷人权利方面，自由主义会怎么说？限制穷人满足自己基本生存需求的自由，以使得富人能够自由地满足自己的奢侈生活，是不是明显不合理？用强制手段要求穷人袖手旁观、坐以待毙，是不是明显不合理？要是这样，就没有解决这一冲突的合理方案，能够强制要求富人和穷人都能接受。但那就意味着自由主义者就无法提出一个符合道德的解决方案，因为根据"应该"蕴涵"能够"原则的扩展原则，一个符合道德的解决方案，能够以一种相关者都接受的合理方式，来解决严重的利益冲突；在这种情形下，道德决议可以进一步理解为它有时候会要求我们按照利他主义原则行事。因此，只要自由主义者认为自己能够提出一个合乎道德的解决方案，他们就不会承认在利益严重冲突的情况下，这种情况是不合理的，即要求富人限制自己不去满足对奢侈生活的需求的自由，以满足穷人基本生存需求，以及要求穷人限制自己不去满足基本生存需求，以使富人受益。但是如果这种要求中的一条哪怕被认为是合理的，它就必须要求富人限制自己对奢侈生活的需求，因此穷人可以有自由来满足自己的基本生存需求。如果自由主义者打算提出一个合乎道德的解决方案的话，那么就没有其他可行的解决方案。

现在可能还会有人提出异议，自由主义者所主张的福利权利的前提，与福利自由主义者和社会主义学派所认可的福利权利的前提是有所区别的。我们可以通过参照这一观点建立的是"一个消极福利权利"，以及通过参照福利自由主义者所认可的权利是"一个积极福利权利"，对这种差异作出评价。这一差异的意义在于，其他人只有通过实施委任行为才能侵犯一个人的消极福利权利，而只有通过不作为，而不是通过实施委任行为，才能侵犯一个人的积极福利权利。比如说，仅仅让穷人坐以待毙，饥饿而死（是不作为，而不是委任行为）并不会侵犯穷人的消极福利权利，但是确实会侵犯他们的积极福利权利——如果穷人确实拥有一项福利权利的话。

然而，这一差别确实不太具有现实意义，因为在识别消极的福利权利的合法性之时，通过阻止穷人恰当地占用他们的剩余商品和资源（一部分），自由主义者将会看到，几乎任何使用他们的剩余财产的行为都有可能会违反穷人消极的福利权利。因此，为了确保穷人不会采取错误的行为，建立完善的制度保障穷人有足够的积极福利权利，将是他们义不容辞的责任。只有这样，他们才能合法地使用任何留存的剩余物资，以满足他们自己基本生存需求之外的需要。另外，如果没有足够的积极福利权利，要么通过自己的行为，要么通过他们的联盟或者代言人，穷人会有一些自由裁量权，以决定何时以及如何行使消极福利权利。为了不受自由裁量权约束，自由主义者将偏重于通过道德上唯一的合法方式来防止行使这样的权利。

结束语

我们对于如何解读康德伦理学的理解随着时间而发生了改变。当今大部分哲学家不再认为康德绝对命令测试能够击败利己主义者。大部分人或许还认为，在特例方面，绝对命令测试还需要补充一些适当的道德理由。我们还看到，康德伦理学及其两个各执一词的解读——福利自由主义和自由主义，在实践中可以相互调和。一旦我们考虑到在很大程度上康德伦理学和功利主义伦理学两种观点同样都受到"应该"蕴涵"能够"原则的扩展原则的道德约束，这一实际的和解就能够帮助这两种观点达成妥协。这是因为，不管我们是用功利主义伦理学衡量人们的利益，还是用康德伦理学衡量个人的自由，最重要的是，这一衡量都受到"应该"蕴涵"能够"原则的扩展原则的制约，因此不应该要求任何人作出不合理的牺牲。

第六章

亚里士多德伦理学

你长大了想做什么？这个简单的问题，我们被从小问到大，而这也不妨被视为考量伦理学的另一个思路：思考生命存在的形式，而不是思考做事的方式。

对亚里士多德而言，美德是一种理想的性格特质，是一种适度，是"过"和"不及"之间的一种中庸之道。

如果我们过于畏惧或者过于无畏，过于自信或者过于自卑，都会犯错。如果我们过于无畏和自信，我们就会失之蛮干；如果我们过于畏首畏尾、自信不足，我们就会失之怯懦。

你长大了想做什么？这个简单的问题，我们被从小问到大，而这也不妨被视为考量伦理学的另一个思路：思考生命存在的形式，而不是思考做事的方式。对伦理的这一思考方式，某种程度上与功利主义和康德伦理学的理论有所冲突，其历史根源可以追溯至古希腊时期，尤其是在亚里士多德（公元前384—前322年）的著作中可见一斑。

亚里士多德出生于色雷斯的斯塔基拉，18岁时赴柏拉图学院就读，在那里他学习、教书，度过了长达20年的时间，据说柏拉图将他称为"学院之灵"。但是，在柏拉图的遗嘱中，却任命他的侄子斯彪希波，而不是他那有才华的学生亚里士多德作为学院的继承者。就这样，亚里士多德离开了雅典，来到亚洲的密细亚的阿索斯城，建立了自己的学院。公元前343年，亚里士多德应马其顿国王腓力二世的聘请，担任当时年仅13岁的亚历山大大帝的老师。腓力二世去世后，亚里士多德又回到雅典，并在那里建立了自己的学校吕克昂。在此期间，他著述颇丰，很多作品都是以讲课笔记的形式集结而成。

幸福和有德行的生活

在他最著名的作品之一《尼各马可伦理学》（*Nicomacbean Ethics*）中（相传为他的儿子尼各马可编订而成，故以此命名），亚里士多德试图为伦理学提供坚实的基础。他在一开始就指出，人类所有的行为的目的都是某种"善"，对于人类来说，幸福就是至善，但是通常都被错误地简单等同于快乐、财富和荣誉。

因此对人类来说，合适的目标就是做一个有德行的人。至此，伦理学首先就被界定为一种生命存在的形式，而不是一种行事的风格，尽管很明显这两者密切相关，因此做一个道德的人，势必就意味着在某种场合下行事要遵守一定的规则。

然而，对有德行的生活和幸福的确定的确向亚里士多德和当代亚里士多德派的哲学家提出了一个质疑，因为并不清楚这两者应该被如何界定。因此，设想一下，你同亚里士多德有如下对话：

你：为什么我要做一个有德行的人呢？

亚：嗯，我们都认为，心情愉悦总是好的，不是吗？

你：假设是这样的。

亚：事实证明，道德高尚是使你高兴的必要条件。这就是你要做一个有德行的人的原因。

你：但是根据人们对幸福的定义，似乎要心情愉悦也并不总是要求道德高尚。

亚：但是据我的定义，心情愉悦就必须要道德高尚才行。

你：那是不是又绕回到了我最初的问题上？为什么我要追寻你所定义的幸福呢？并且要一直做一个道德高尚的人，而不能追求世俗意义上的幸福，为什么不能只是偶尔道德高尚一下？

亚：这个质疑很有意思。

当然，亚里士多德并没有放弃证明德行是幸福的必要条件。

然而与柏拉图不同的是，他认为某些外在的东西，比如健康、富裕和运气，对于幸福来说也是必要的。当代亚里士多德派的哲学家倾向于通过专注于给予有德行的生活一个适当的描述和定义，将这一挑战先搁置在一旁不论。

对亚里士多德而言，美德是一种理想的性格特质，是一种适度，是"过"和"不及"之间的一种中庸之道。例如，勇气就是鲁莽和懦弱之间的中庸之道。亚里士多德尤其还区分了道德德性和理智德性，前者像逻辑和数学一样，可以通过后天习得。相比之下，品格的美德，比如慈爱、正直、忠诚、觉悟和耐心，只能通过实践获得。正如他本人所说：

只有通过建造，人才成为建造者；只有通过演奏七弦琴，人才成为七弦琴演奏者；因此我们也一样，我们只有通过践行正义才能变得正义，行事温和才能变得温和，行为果决才能变得勇敢。

亚里士多德还运用勇气这一美德来进一步作出论证，美德是两个恶习——"过"和"不及"——之间的中庸之道。如果我们进行严密的分析之后就会发现，勇气由两部分组成：恐惧和自信。因此，如果我们过于畏惧或者过于无畏，过于自信或者过于自卑，都会犯错。如果我们过于无畏和自信，我们就会失之蛮干；如果我们过于畏首畏尾、自信不足，我们就会失之怯懦。

然而，亚里士多德认为，他关于美德的中庸之说并不适合

心灵三问：伦理学与生活
Introducing Ethics: For Here and Now

所有情形。为了证明这一点，他指出谋杀作为一种行为，永远都是错的，不可能存在任何中庸。但是将谋杀视为错误行径的观点，同亚里士多德对于美德的分析似乎并不矛盾。此处相关的美德，意味着对他人生命的尊重。谋杀作为展示恶行的一个手段，并没有对他人的生命给予尊重。这还意味着，不需要过分地牺牲自己以保全别人，尤其是在这种牺牲并非必要或者不值得的情况下。为了对亚里士多德的分析提供进一步支持，我们或许通常还会认为美德就是一种中庸之道，对自己的利益和他人的利益都不偏不倚。

亚里士多德还认为，人们德性之间的能力是极为不均等的。在他看来，一些男人就是自然的奴隶，而所有女性都缺少理性分析的能力。因此，这些人天生注定要受自由的男人统治。幸运的是，受益于进一步反思相关数据，当代亚里士多德派哲学家，在这方面做出了与亚里士多德相反的选择。

有德行的生活的特征

但是即便如此，对有德行的生活做一个合适的描述也并非易事。当代哲学家阿拉斯代尔·麦金泰尔尝试用那些有内在善和外在善的实践来解释这一生活的特征。举例来说，在篮球运动中，一个实践的内在善可能是来自于同队友密切配合参赛之后的愉悦之情，而实践的外在善可能是来自于观众所给予你的欢呼声。然而尽管麦金泰尔将有德行的生活同实践联系在一起的观点是有益的，但是他并没有进一步确定，哪种行为实践构成了一个有德行的生活，而哪种行为不是；遗憾的是，这就使得对于有德行的生活的定义是一个开放性的答案，包含了大量的不同甚至相互矛盾的解释。

另一位当代哲学家玛莎·努斯鲍姆（Martha Nussbaum）试图进一步完善这一定义。她将美德定义为在人类共享的经验中的八个重要领域中，愿意做出选择和回应，如下所列：

- 必死的命运；
- 身体；
- 快乐和痛苦；
- 认知能力；
- 实践理性；
- 婴幼儿早期发展；
- 友好关系；
- 幽默感。

努斯鲍姆声称，与任何一个领域相关的美德都能以一种客观的、非相对论性的方式加以界定。虽然努斯鲍姆的观点确实能为界定有德行的生活这一观点增添很多细节，但是仍然有很多问题悬而未决。尤其留下了一个悬而未决的问题：人类经验的这些领域的道德上的关心，是否是集中在一个人自身的善（福祉）或者是否还应考虑他人的善（福祉）。正如我们看到的，亚里士多德将有德行的生活同个人的幸福相互关联，其观点似乎更倾向于第一种解释。然而，至少一些当代的亚里士多德派哲学家们，尤其是朱丽娅·安纳斯（Julia Annas）和罗伯特·亚当斯（Robert Adams），认定有德行的生活意味着，既关心自己的利益，也关心他人的利益。因其都有一种强烈的利他性，因此对于亚里士多德伦理学的这样一个解释会更类似于康德伦理学和功利主义伦理学的观点。反过来，鉴于康德伦理学和功利主义伦理学也提出了对这些利他性问题的关注，这还会使得我们思考距离遥远的人们以及子孙后代。

与康德伦理学的矛盾之处

即便可以在某种程度上达成和解，康德伦理学和亚里士多德伦理学一直被认为在一个有德行的理想人物上存在明显冲突。思考如下情况。在《尼各马可伦理学》中，亚里士多德在一个"完全高尚"的人和一个"谨慎自守"的人之间做了一个清楚的划分。前者，我们姑且称之为安吉尔，她行事合乎道德，遵循自己的欲望；后者，我们称其为斯道沃，行事也合乎道德，但却有违自己的欲望。而与之相较，康德在他的《道德的形而上学基础》（*Groundwork of a Metaphysics of Morals*）一书中，借用了两个例子来阐明他心目中道德高尚的理想人物。第一个例子中的人物，让我们把她叫做安吉莉娜。她认为根据职责行事非常简单，也很吸引人；但是康德称她的行为并不完全高尚，因为她并没有出于责任感行事；让我们把第二个例子中的人物称为斯道沃莉娜。她天性凉薄，但是在康德看来，她的行为高尚，因为她试着出于责任感来帮助他人。鉴于安吉尔同安吉莉娜很相似，斯道沃和斯道沃莉娜也性格相近，很显然比起斯道沃，亚里士多德更喜欢安吉尔，而很明显，在斯道沃莉娜和安吉莉娜之间，康德更偏爱前者。因此在"谁是道德高尚的人"这个问题上，康德和亚里士多德显然从根本上存在分歧。康德认为更有德行的人，在亚里士多德看来不够高尚；而亚里士多德认为更高尚的人，在康德看来德行却不够。

然而，正如某些当代亚里士多德派哲学家和康德主义者所指出的，双方都有充分理由各持己见。首先，支持康德却不同意亚里士多德观点的人，肯定有这样的情况，这个人道德越高尚，他行事高尚的难度就会越大。比如说，一些士兵可能会为了捍卫一个军事要地与敌人进行不屈抗争，而另一些士兵可能只需在阵地后方履行他们作为战士的职责。在这种情形下，一个人行事道德的难度越高，他的品行也就越高尚。其次，支持亚里士多德却不同意康德的观点的人，未能自然而然地做出某些善举，这不利于一个人的美德。在康德所举的例子中，那个天性凉薄却出自责任感而帮助穷人的人，显然就不如那些出于责任感和发自内心同情的人道德高尚。第三，在康德的例子中，有些人认为根据责任感行事非常容易，但是他们的动机却一点都不高尚，就像商店店主只是为了生意才对顾客真诚一样；对此亚里士多德也不会不同意，因为他也要求道德高尚的人动机也要适当。所以这表明，如果我们想要一个最无懈可击的道德观点，康德和亚里士多德观念中关于道德高尚的人的表述中的最佳元素不仅不是完全对立的，而且这两者还需要合二为一。

规则的重要性

亚里士多德学派和康德学派另一个对立面在于，它们对于道德规则的重要性也存在分歧。亚里士多德学派一些人指出，对于许多日常生活中的美德制定相关规则有诸多困难。考虑一下感恩和自尊这两个美德。很难分清，除了使用那些毫无借鉴的训诫"学会感恩"和"尊重你自己"之外，到底怎样才能为这些相关的美德制定规则。我们肯定不能指定要求的方式是什么，比如说，一个不懂得感恩的人，在缺乏适当的感恩动机和信仰的情况下，仍然能够遵循感恩这一相关规则。遵守这样的规则不仅仅要求一些外在的行为，它还要求具有某些相关的动机和内在信仰。因此，对于许多日常生活中的美德来说，规则被证明用来交流应该怎么做事是非常有用的。在交流应该怎么做事方面，更有用的是善行故事或范式，比如像好撒玛利亚人的故事一样。

现在，虽然通常都是亚里士多德学派在制定规则限制条件的要点，但是我们仍然不明白康德学派和功利主义伦理学派为何要否认前者的观点。康德学派和功利主义伦理学派可以赞同日常生活中的许多美德，却没有相应地有用的规则来就应该怎么做事进行交流。同时，他们还可以指出有关日常生活中的其他美德，以及更有用和内容更翔实的规则。比如说，"不要撒谎"的真诚、"不要偷盗"的政治和一个清白的生活的"不要杀人"。这些规则之所以更有用、内容更翔实是因为它们为单个的美德规范提供了另一种描述方式。当然，亚里士多德学派不需要否认这种情况，并且这会使得康德学派和功利主义伦理学派对于这些道德规则的限制条件和有效性具有非常一致的观念。

关注我们应该如何行动

亚里士多德伦理学的重点在于关注生命存在的方式，对于任何适当的伦理学理论来说，都必须对此加以考虑。在任何场合，一个人的性格特征、意图和行为都可以接受独立的道德评价。对于人类能动性的这些特性的任何一个负面评价，并不意味着其他行为也是负面评价。同样，对于人类能动性的这些特性的任何一个积极评价，也并不意味着其他行为也是正面评价。比如说，即使一个人本意是好的（良好意愿），或者他性格很仁慈（品性良好），但是他可能在无意中给别人造成了相当大的伤害（行为不端）。或者，如果借用当代哲学家罗伯特·梅里休·亚当斯（Robert Merrihew Adams）的例子，一个人可能有点胆小（性格脆弱），然而本意是好的（良好意愿），但是因此错过了一个丰富生活经验的机会（并没有行为不端）。这就是为什么一个道德上适当的伦理学理论必须要关注人类能动性的三个特性。

亚里士多德伦理学以其对性格和意愿的（我们应该怎样）关注而著称，而并不太关注行为（我们应该如何行动）。新西兰哲学家罗莎琳德·赫斯特豪斯（Rosalind Hursthouse）试图展示亚里士多德伦理学也可以告诉我们应该如何行动。在赫斯特豪斯看来，正确的行为就是一个有德行的主体在这种情况下应该采取的行动。有时候，这一标准被解读为要求在这种情况下，按照一个绝对道德的主体那样行事——有些人会说在这种情况下耶稣、甘地或者穆罕默德会如何行事。但是这或许不是对这一标准的最好解读，因为那些在道德上完美无瑕的人，不太可能真的置身于我们所处的环境中。

更有用的是，亚里士多德将人们如何成长为一个有德行的人这一过程，同个人学习演奏竖琴的过程进行了比较。在每个阶段，一个人应该做的并不是一个在道德上完美无瑕的人（或者一个完全专业的竖琴师）应该做的，更确切地说，是应该符合他特定的发展阶段。在追求美德的过程中，比如说，目前在第一阶段，可能涉及极为不道德的生活方式，因此询问在这种情形下道德上完美无瑕的人将如何行事毫无意义，因为道德上完美无瑕的主体绝不会将自己置身此种情形之下。事实上，没有任何道德主体会置身于此种情形下。如果你碰巧发现自己身处此种情形下，你总是可以询问自己下一步将如何行事，以便在道德上提升自己。

需要优先考虑的问题

现在设想一个能够与道德高尚的主体匹配的环境。在这样的环境中，道德高尚的主体是否有权利选择和决定行为的正确性？思考一下拯救溺水儿童的案例。拯救儿童的生命，难道不是决定这一行为正确的首要原因吗？而不是因为一个道德高尚的主体（当然前提是有拯救儿童的能力）会选择这样去做？如果说有什么区别的话，那就是这一行为的正确性似乎可以说明为什么一个道德高尚的主体会选择这样去做。

这是否就意味着注重人类行为方式的功利主义伦理学和康德伦理学，要优于看重人类存在方式的亚里士多德伦理学？并不见得。在其他一些例子中，一桩行为正确与否，以及如何确定什么是最好的行事方法，就是考虑一下一个道德上白璧无瑕的理想人物——比如苏格拉底、圣女贞德、马丁·路德·金——甚至你自己的山姆叔叔和娜塔莎婶婶，在这种情况下要怎么做。

举例来说，设想一下你打算如何处理你的生活。当然，在你力所能及的范围内，考虑一下一个道德完美的理想人物会如何选择，将会有助于你回答这个问题。即便功利主义学派和康德学派也认识到，在决定对错的时候，求助于这些完美的道德人物是很有帮助的。比如说，功利主义伦理学会诉诸一个理想的、富有同情心的主体，而康德伦理学会求助于目的王国中一个理想的、理性的主体。因此，似乎看起来最佳的选择就是，对于这三种道德视角都一视同仁，并不对哪一方面有所偏重和优先。

此外，正如功利主义伦理学和康德伦理学一样，将亚里士多德伦理学视为受到"应该"蕴涵"能够"原则的扩展原则制约也是合适的。该扩展原则将传统的"应该"蕴涵"能够"原则与不能将合理的要求强加于任何人这一普遍的道德信念相互结合。这样解读之下，三个伦理视角似乎会导致类似的实际要求。如果关心他人及自身的善都是有德行的生活的一部分，并且如果所有人，包括距离遥远的人和子孙后代，都被理解为这种关切的一部分，似乎尤其如此。

安·兰德的亚里士多德伦理观

然而，关于亚里士多德的伦理学观点，还有另外一个非常流行的解读。它似乎对康德伦理学和功利主义伦理学的大部分当代解读持强烈的反对意见，所以也会反对与这些观点的任何形式的实际和解。这一流行的解读在小说家、哲学家安·兰德（Ayn Rand）的著作中可见一斑。鉴于她的作品为我们提供了对亚里士多德伦理学观点的一个解读，并且这一解读同大部分对康德和功利主义伦理学的当代解读大相径庭，很显然，这就值得我们加以关注。

安·兰德（原名"阿丽萨·罗森鲍姆"）1905年出生于俄罗斯圣彼得堡。她最负盛名的小说是《源泉》(Fountainhead，1943年)，后被搬上银幕，由加里·库珀（Gary Cooper）和帕特里夏·妮尔（Patricia Neal）主演；另一本巨作《阿特拉斯耸耸肩》(Atlas Sbrugged)出版于1957年：两本小说都是畅销书，都有几百万册的销量。兰德还出版了一系列的非小说作品，比如《自私的美德》(The Virtue of Selfishness，1964年)等。在书中，兰德非常清晰地阐明了她的亚里士多德伦理观。

在安·兰德心目中，亚里士多德才是最伟大的哲学家。汲取了亚里士多德的有关观点之后，兰德提出了"自私"这一德性理论，称首要的道德要求就是关注个体自身的利益。安·兰德反对宗教宣扬的利他主义，该主义主张任何为了他人利益所做的行为都是善的，而为了自身利益所做的行为则是恶的。在兰德看来：

> 人自身就是目的，而不是实现他人福利或者目的的手段。因此，他必须为自己而活，既不必为他人牺牲自己，也无需为自己而牺牲他人。为自己而活就意味着，他必须以实现自己的幸福作为他生命中的最高道德目标。

遗憾的是，作为一个功利主义伦理学和康德伦理学的批评家，兰德对利他主义的概括有点过分。这两个观点从来都没有将为自己谋求利益视为恶。相反，只不过在衡量他人善（利他主义）与个体自身的善（个体利益）的时候，这两个观点都更关注前者，有时候甚至会为了他人的利益从而要求或者限制个体自身的利益。值得庆幸的是，兰德对于功利主义伦理学和康德伦理学的批评，并不是建立在利他主义从根本上反对个体利益这一点上的。她的主要论点是反对那些实际上被功利主义伦理学和康德伦理学所认可了的、利他主义的温和形式。

我们可以看一下《源泉》中的主人公霍华德·洛克的部分演讲，霍华德就是兰德心目中的"自私"的人的代表。在小说结尾，洛克因为引爆了他所设计的、正在建筑中的工程大楼而受到审判，在审判席上，他发表了如下演讲。他曾秘密地答应该项目的官方设计师彼得·吉丁，应允以对方的名义设计该项目，也无需任何金钱报酬，但是有一个条件，就是任何人不得对他的设计方案作任何更改。吉丁急需洛克的帮助，因为只有洛克才能在预算范围内设计出足够的低收入者住宅项目。然而，在施工过程中，吉丁迫于压力更改了设计，这样一来就破坏了洛克设计中的美学上的统一性。因此洛克在工程接近竣工的时候，在多米尼克·弗朗——兰德理想中的自私的、正在觉醒中的女性——的帮助下，炸掉了这栋建筑。在小说的高潮部分，也就是洛克的审判过程中，他为自己的行为作了如下辩护，最终被无罪释放：

有人说，是我使得穷人的家毁于一旦。可是他们忘了一点，要是没有我，那些穷人就不可能有这样一个独特的家园。那些关心穷人的人不得不来求我这个从来不被关注的人，以便能够帮助穷人。有人认为，未来租户的贫穷给予了他们一个支配我的作品的权利，并认为他们的需求构成了我生活的权利，认为任何让我的东西贡献出去的要求是天经地义的事情。我并不承认任何人有权占有我生命中的任何一分钟，任何人也无权占有我的精力的任何一部分，也没权利占有我的成就的任何一部分。无论是谁做的这个断言，无论他们的人数有多么庞大，或者无论他们有多么需要。

注意，尽管洛克在他的演说中并没有反对利他主义，他可以被理解为拒绝那些实际上被功利主义伦理学和康德伦理学所认可了的、利他主义的温和形式，以及兰德极力反对的利他主义的极端形式。因此，将实际上被功利主义伦理学和康德伦理学所认可了的、利他主义的温和形式，作为兰德的论点的真正目标是可取的。

无冲突论点

现在人们或许会认为，兰德的观点存在着一个很大的问题，那就是如果人们的个体利益之间相互冲突，就会在根本上产生一个道德观念上的冲突。在这种情况下，道德会要求那些相反的、不能被执行的行为。因为道德不再能够给所有人提供放之四海皆准的指令，它也将不再是合适的行动指南。

对这一异议，兰德予以了否认。她否认这一论点的前提，也就是她不认为人们的个体利益之间存在冲突。在兰德看来，"在理性的人的利益之间，不存在冲突"。为了支持这一观点，她启发我们考虑如下的例子：

假设有两个人（姑且称他们亚伯和阿尔菲好了）来应聘同一职位，但是只能有一个人被录用。这不是一个个体利益冲突的实例吗？这不是一个人以牺牲他人为代价获取个人利益的实例吗？

兰德辩称，如果亚伯因为之前的工作经历而获得了该职位，那就不能说他是以"牺牲"了阿尔菲的代价获得了这份个人利益。诚然，兰德这一点是正确的。在这种情形下，阿尔菲并没有作出任何牺牲，因为那样意味着剥夺他合法拥有的某种东西。但是，他只是在同亚伯的竞争中出局了而已。

我们仍可能认为，阿尔菲的此次出局难道不是同他的利益相互冲突吗？当然，如果阿尔菲也能获得一个同样诱人的工作机会的话，情况会有所改观。但是假设对阿尔菲来说，并没有这样一个职位存在。在这种情形下，很显然，阿尔菲此次竞争失利确实有悖于他的利益。那么此处同兰德的观点恰恰相反，在这个例子中，确实存在人际冲突。

遗憾的是，兰德并没有就此问题直接作出回应，并没有回答在这一案例中是否存在个人利益之间的冲突。比如说，在我们此前引用的演讲中，她借洛克之口这样说道：

我并不承认任何人有权占有我生命中的任何一分钟，任何人也无权占有我的精力的任何一部分，更没权利占有我的成就的任何一部分。无论是谁做的这个断言，无论他们的人数有多么庞大，或者无论他们有多么需要。

同样，在《阿特拉斯耸耸肩》一书中，像霍华德·洛克一样，约翰·高尔特也代表了兰德心目中标准的自私的人的形象，也在该小说结尾发表了一个与之类似的、冗长的广播讲话。他说道：

迈向自尊的基本一步是把所有人为了得到你的帮助而发出的命令看作食人族的面具。这样的命令就是将你的生命划归成他的所有——或许他已经够令人厌恶，但还有更恶心的是你的同意。

　　然而，无论是在洛克的演说还是高尔特的广播讲话中，兰德都没有解答人际关系中的利益冲突这一点。相反，她否认其他人有义务去帮助那些基本需求都尚未满足的人们。然而，除去是否有这一义务不谈，例如，用杰托的盈余去满足珍妮特的基本需求，确实与杰托用这一盈余来为自己购买奢侈品相互冲突。如果珍妮特的需求得到最大满足，那么势必与杰托的利益发生冲突。如果说确实存在这样一种冲突的话，那么显然这就是一种人际关系冲突。

兰德小说中的个人利益冲突

　　兰德的观点还有另一个问题，在她小说中的人物之间不存在理性的利益冲突，尤其是在《源泉》中，很多人物都与兰德的主人公霍华德·洛克有冲突。但是，在很多情况下，这些冲突都可以被看作是非理性的。比如说，在小说中就是作为洛克的配角而存在的彼得·吉丁，同样也是一个建筑师，在很多关键时刻都与洛克发生了冲突。吉丁的所作所为可以被看作是同洛克的利益有冲突，但是他同样也背离了自己的利益，因而他同洛克的冲突就不是理性的。结合我们所知的有关吉丁的一切信息，我们尽可以设想他追逐另外的人生目标，该目标能够更好地满足他的个人利益而同时不必与洛克发生冲突。

　　然而，同样的情形对于埃斯沃斯·托黑——洛克在小说中的主要对手却并不适用。作为威纳德主办的《纽约旗帜报》的艺术评论家，托黑一开始就敌视洛克，并且这种敌意始终没有消除。最初，在洛克籍籍无名的时候，托黑的策略是不在《纽约旗帜报》上他所开设的专栏里提及洛克的作品，以阻挠其事业的发展；随后，随着洛克的事业稍有起色，托黑一有机会就在自己的专栏里批判洛克的作品。他还鼓动吉丁一起跟洛克作对，甚至还撺掇一个富商霍普顿·斯考德雇用洛克设计一座重要的建筑，这样他就有机会教唆这个商人起诉洛克，控告后者违背了设计要求。这起官司的负面影响导致了洛克举步维艰，很难再找到新的工作。然而，仍有些人欣赏他的才华，他的事业慢慢地又开始复苏。一直到小说结尾，托黑对洛克的公开反对变得变本加厉，甚至洛克第二次庭审后被无罪释放——这一小说的高潮部分——都不足以说明他完胜托黑，因为后者在《纽约旗帜报》倒闭之后，很轻松地又在另一家报纸谋求了一个绝佳的职位。

兰德也借托黑之口解释了，他为何要与洛克这种富有创造力的人为敌。这是因为，这些人对他谋求凌驾他人之上的权力的生活方式构成了威胁。他的策略是说服那些人，让他们自认资质平庸，因而应该在他的领导下，或者在他的同类的领导下，过一种与其资质相匹配的、平凡的生活。洛克卓尔不群的创造力，对托黑凌驾别人的意图直接构成了挑战。托黑知道自己的才能无法同洛克相提并论，然而他以自己的方式取得了成功——操纵他人，取得支配他人的权力——并且兴致勃勃、乐此不疲。更重要的一点是，鉴于他的才华，他也不可能创造另外一种生活方式，也就是他无法选择一种更吻合自己的个人利益又不用与如洛克等有才华的人发生冲突的方式。在小说的结尾，像很多连环画中的反面人物一样，托黑还打算同洛克或者兰德心目中理想的自私的人物进行抗争，并准备全身而退。

"无责任"论点

然而，即使承认在现实社会中和在兰德小说中的人物之间确实存在理性的利益冲突，它们仍然可能并未构成对兰德的亚里士多德伦理学的一个严重挑战。兰德最关心的问题是，她否认我们作为富人或者有才华的人，就有责任去帮助穷人。所以，她可以承认穷人和富人之间，或者与有才华的人存在利益冲突，而不用放弃她的主要观点。

那么，她的主要观点是什么？在那样一种情形下，难道没有责任帮助穷人吗？兰德认为在她所谓的"危急情况"下，没有这样一种责任。对她而言，一种"危急情况"是"无法选择、不可预期的事件，它在有限的时间内制造出人类无法生存的环境——如洪灾或者地震"。对这一情形，兰德声称：

> 他给予的任何帮助都只是例外，不是常规；是慷慨的行为，不是出于道德责任；只是少量的、偶然的行为——正如在人类存在的过程中，灾难是少量的、偶然的事件一样。

现在人们可以质疑，此处兰德所允许的慷慨行为，是否正是基于她所反对的利他主义呢？然而，更为重要的是要质疑兰德排斥在这种情况下有帮助穷人的责任。

思考一下：如果在这种情况下没有帮扶的责任，那么在富人和有才华的人的权利范围内，他们就会拒绝帮助穷人，而穷人在面临这样的拒绝的时候，也就没有任何可以求助的道德资源。在极端的情况下，这就意味着穷人只能无所事事，袖手旁观，坐以待毙，而富人和有才华的人则被允许享受奢侈品所带来的好处。但可以肯定的是，如果强加给穷人的话，会是一个无礼的要求；这样会违反道德的基本原则（正如之前所讨论的那样）："应该"蕴涵"能够"原则的扩展原则。就这条规则而言，道德不能将不合理的要求强加于人。在极端的案例中，要求穷人无所事事，袖手旁观，坐以待毙显然是一个不合理的要求，反之要求富人和有才华的人放弃某些对奢侈品的需求显然并非是一个不合理的要求。

或者，我们可以运用"应该"蕴涵"能够"原则的扩展原则来对穷人和富人之间的自由加以权衡，正如我们在对康德伦理学自由主义解读的讨论中所做的那样，无论用这一原则的哪种方式来履行这一义务去帮助穷人，他们的基本需求都将无法得到满足。或者就像兰德所表述的那样，终其一生，他们作为理性的人类的生存都会受到威胁。

因此，兰德无法证明一点：亚里士多德伦理学所需要的最根本的、唯一的美德是利己主义。正如我们所展示的，亚里士多德伦理学也需要利他主义这一美德，能够足以支持他们来帮助有需要的穷人。此处所需要的利他主义同康德伦理学和功利主义伦理学所认可的利他主义的温和形式颇为相似，这一点并不令人奇怪。

抵制无冲突论点的重要性

就兰德的亚里士多德伦理学观点而言，值得注意的是证明她的无冲突论点（在理性的人之间不存在利益冲突）是伪命题这一点有多么重要。如果她的无冲突论点是正确的，那么兰德另外两个重要论点：（1）她的无责任论点（没有义务和责任帮助有需要的人）；（2）她反对利他主义论点（利他主义应该被摒弃）就能够很明确地被这一论点加以证明。

思考一下：如果兰德的无冲突论点是正确的，那么在人类之间就不会存在任何利益冲突。那么富人和有才华的人的利益与穷人的利益之间就不会存在任何冲突。那要求富人和有才华的人牺牲自己的利益去帮助穷人就没有任何意义，因为压根儿就不需要。因此，我们没有理由要求他们承担这一义务和责任去帮助穷人，而不是满足自己的利益，因为穷人也不需要这样的帮助。这就足以证明兰德无责任论点是正确的。

同样，再思考一下：如果兰德的无冲突论点是正确的，人们之间的利益就永远不会发生冲突。因此利他主义的自我牺牲就会变得毫无意义。人们的利益总是可以得到充分提升，而无需牺牲他人的利益。当然，为了他人的利益，人们仍可以牺牲自己的利益，但是总会有其他方式，即便没有这样无私的自我牺牲，也同样能够使其他人受益。既然自我牺牲毫无意义，任何有理性的人都不想做这种无谓的牺牲，也不会想从中受益。利他主义就会成为傻子的游戏，这个游戏没有人想要参加，人人都会拒绝参与。

　　一旦我们认识到兰德的无冲突论点是错误的，我们就无法用这一论点来证明其无责任论点和反对利他主义论点是正确的。由此我们可以推论，在穷人有需要的时候，我们有义务和责任对其进行帮助，在一个道义上站得住脚的亚里士多德伦理学理论体系中，如果与利己主义的美德进行权衡之后，就会发现利他主义是一个受人尊敬的美德。

　　并不奇怪的是，在阐述亚里士多德伦理学观点的版本中，兰德的亚里士多德伦理学观点并不是唯一一个试图利用无冲突论点来支持其结论的。亚里士多德伦理学观点的一些其他版本认为人们的道德利益是大家共享的普通利益，并且进一步认为，这些共同利益与个人利益并不冲突，或者至少在理性利益之间并不冲突。在这些观点看来，我们的共同利益只不过是自身利益，不过碰巧与他人共享。实际上，亚里士多德伦理学观点的这些版本认可的还是无冲突论点。遗憾的是，亚里士多德伦理学观点的所有这些版本会遇到的问题，同兰德试图用其亚里士多德伦理学观点中的无冲突论点所面临的问题类似。

结束语

正如我们所看到的，亚里士多德伦理学将伦理学看作是一个有关人类生存方式的学说，而不是一个有关行为方式的理论。它关注一种有德行的生活，认为这是幸福所需要的前提条件。美德被进一步明确为两种恶习——"过"和"不及"——之间的中庸之道。虽然亚里士多德本人提升了界定何为美德的难度，我们已经看到，也不是找不到一个方法来克服这一困难，从而与康德伦理学和功利主义伦理学找到更大的兼容性。我们还看到，亚里士多德伦理学起初甚至显得与康德伦理学和功利主义伦理学所冲突的、兰德所捍卫的亚里士多德的观点，都有类似的实际需求，尤其是兰德和其他亚里士多德学派的学者所认可的无冲突论点一旦遭到拒绝，并且"应该"蕴涵"能够"原则的扩展原则被认为在决定理论的实际需求上起了重要作用。

章间小结

在引言中，我们引用了美国的印第安人保留地的生存状况的例子，尤其是在南达科他州的松树岭保留地，贫困率几乎是美国的 5 倍，青少年的自杀率是美国同龄人平均值的 4 倍，婴儿死亡率是美国平均值的 5 倍，此地人们的平均寿命是 50 岁。现在我们有资格来质询功利主义伦理学、康德伦理学和亚里士多德伦理学，思考每个理论中最有道德说服力的那些观点，就松树岭保留地的生存状况作出它们自己认为最合适的道德反思，这些反思和反应将各不相同，又都切合实际。

对于功利主义伦理学而言，它总是要求我们选择那些对于每个相关者来说都是最好的决定，不管是行为还是社会政策。然而我们注意到，"应该"蕴涵"能够"原则的扩展原则能够对将效用最大化的这一要求作出最好的解读，该原则拒绝将不合理的要求加诸相关人员。

这样一来，这似乎是功利主义伦理学的观点，即我们应该为生活在保留地中的美洲印第安人提供过上体面的生活所需的基本物资，因为这可能会使得效用最大化；但是，我们是否可能会被迫如此行事，显然将取决于，根据"应该"蕴涵"能够"原则的扩展原则的判定，这样行事是否是合情合理的？

同样，对于康德伦理学来说，来帮助其他有需要的人似乎是一种准则。像生活在美国印第安人保留地的美洲印第安人来说，就能通过康德的绝对命令测试，允许一些道德上适当的例外。然后就要判定，对这一要求是否应该稍加强制，正如在功利主义伦理学的案例中，取决于根据"应该"蕴涵"能够"原则的扩展原则的判定，这种强制是否是合情合理的？

最后，对于亚里士多德伦理学来说，道德规范经由一种有德行的生活进行了详细说明，并且进一步详细说明了如果想要成为一个更有德行的人，处于某个特殊发展阶段的人应该如何行事。从这一视角来看，似乎我们会被要求对那些有困难的人施以援手，比如那些生活在美国印第安人保留地的美洲印第安人。然而，正如功利主义伦理学和康德伦理学一样，为了判定这一要求是否应该被加以强制，取决于根据"应该"蕴涵"能够"原则的扩展原则判定这种强制是否是合情合理的？

于是，考虑到它们各自最为道德的解释，没有理由认为功利主义伦理学、康德伦理学和亚里士多德伦理学，不会支持相同的实际要求。因此，此处我们拥有一些替代方法——功利主义伦理学、康德伦理学和亚里士多德伦理学以各自不同的方式看待道德问题，结合它们实际的共识——考虑到它们各自最为道德的解释，这三种方式都会赞同和支持相似的实际要求。

第七章

环境主义伦理学的挑战

人类通过运用技术，使得自己变得比其他物种更为强大。但是正如我们在人类伦理中所了解到的那样，强大和道德并不能混为一谈，并且在人类伦理中，强大并不是拥有道德身份的必然要求。

拥有道德主体的生命体有自己的善，因此在这一点上来说，他们不应该仅仅被当作为他人谋求福利的工具。

我们不能一边声称所有人都拥有道德身份，然而一边又为了一己之私利，为了自己非基本或者奢侈的生活需求来侵犯其他人的基本生活需要；我们再也不能一直声称所有物种成员都有道德价值，然而又侵犯动物和植物的基本生存权利。

传统伦理学没能充分考虑到非生命体的利益，这一点导致了环境主义伦理学的兴起，后者认为传统伦理学更偏重人类。近来对传统伦理学的这一关注可追溯到 1973 年，彼得·辛格（Peter Singer）在《纽约书评》（*New York Review of Books*）上撰文首次提出"动物解放"一词。两年后，他在这篇文章基础上，写成并出版了《动物解放》（*Animal Liberation*）一书。辛格着重讨论了虐待和剥削动物的最严重的两种形式：工业化养殖和大量的动物实验。

在工业化养殖过程中，数以百万计的动物在痛苦和折磨中度过它们短暂的一生。肉用小牛被关在牛棚中狭窄的小围栏里，并且用链子拴着，这样一来，它们不能自由转身，也无法舒适地躺下，或者做一些像自己舔舐、梳毛这样的基本行为。它们全部都被喂以一点铁元素也没有的流食，这样就能迅速长肉，并且保持贫血的状态；也不会喂它们一点水喝，因为干渴的动物比喝了水的动物吃得多。动物实验也是一个巨大的产业，每年在全世界大概有两亿左右的动物被用于此途。这些动物中的大多数被用于商业毒性试验，比如在眼睛的刺激实验中，就用腐蚀性物质将兔子的眼睛弄瞎。在全世界广为流行、饱受诟病的"半数致死剂量"中，这一实验的初衷即是发现导致受试的动物样本 50% 个体死亡所需的剂量。

辛格的功利环境保护主义

辛格呼吁动物解放，他将对待动物的偏见——他称之为

"物种歧视"——与针对黑人和女性的歧视进行了比较。对辛格来说，我们反对种族主义和性别歧视主义的理论基础，同样也可以用来为反对"物种歧视"辩护：因为所有形式的歧视都有悖于"平等考量"原则，而后者是功利主义伦理学的核心。在辛格看来，种族主义者在自己种族的利益与其他种族的利益发生冲突时，更看重自己种族成员的利益，结果违反了"平等考量"原则；性别主义者偏袒自己性别的利益，违反了"平等考量"原则；同样，物种主义容许自己物种的利益优先于其他物种成员的利益。在这三种情况里，我们看到的模式是一样的。

辛格主张，动物也有自身的利益，因为它们也有感受痛苦和幸福的能力。根据"平等考量"原则，认为动物所遭受的痛苦较之人类所遭受的痛苦无足轻重，这点毫无道理。就这一观点的实际要求而言，辛格反驳道，如果我们能在思想上一视同仁，对人类和动物都给予同样的尊重，我们就不会误入歧途。最后，辛格认为，这就要求我们做出根本性的变革：饮食方面，我们的耕种方法，很多科学研究领域内的动物实验程序，对待野生动植物的方式和狩猎，捕杀动物、穿戴它们的毛皮，以及诸如马戏团、竞技表演和动物园等娱乐方式等。

里根的康德环境保护主义

辛格在"动物解放"基础上提出了他的功利主义环境保护主义思想，与此同时，汤姆·里根（Tom Regen）也提出了康德式的环境保护主义观点。在里根看来，我们对待非人动物的观点从根本上就是错误的——因为这意味着我们仅仅将它们视为可资利用的资源。里根强调，我们对待动物的责任和它们对我们的权利的正确理论基础是它们所拥有的内在价值，它们同我们一样，都是能够体验生命的主体。既然动物也是体验生命的主体，理应得到我们同样的尊重。里根主张，我们应该彻底摒弃在科学实验中使用动物，终止商业畜牧业，废除商业和运动狩猎和诱捕。有些人或许会说，动物确实有其内在价值，但不如人类的价值高。对持这一观点的人，辛格辩驳说，除非那些有缺陷的人士也同样被视为内在价值不高，但是辛格认为他们肯定不会承认这一点。

然而，对于辛格和里根的理论来说，有一个很严重的问题，那就是他们同样都对某种形式的生命持有偏见。辛格的理论只针对有情众生（有知觉的生命形式），而不包括所有生命体；但是至于原因，他并没有阐释清楚。辛格主张，我们的所作所为只有对有情众生才利益攸关，因此就这一点而言，只有有情众生才有利益可言。但是为何这就能成为将无情众生（没有知觉的生命形式）排除在考量之外的理由呢？虽然它们没有知觉，但是也有自身的善。在里根的理论中，为什么只有能够体验生命的主体，而不是所有的生命主体才有内在价值呢？里根也认识到没有苦乐感受的生命主体也有其自身利益，但是至于为什么这不足以使得它们也获得同样的道德考量，他也并没有对此作出解释。一些生物中心论者，比如保罗·泰勒（Paul Taylor），就是持这一论点，对辛格和里根的观点进行了质疑。

他持有另一种观点，即所有的、单个的生命体都需要被纳入道德考量的范畴。

生物中心论

为了捍卫他们的观点，生物中心论者必须找到强有力的论点来证明非人类生命体也有道德地位。正如我们在第四章中所读到的，一个强有力的论点无需回避问题的实质。那么我们需要的就是这样一个不回避问题实质的观点：非人类生命体也有道德地位，也就是说，它们应该被纳入道德考量的范畴。真的有这样一个论点吗？

好了，我们或许立即会想到，之所以只将人类的利益纳入考量范畴，是因为人类所独有的理性。虽然人类独有理性，但是其他非人类物种也拥有人类所没有的特性，比如鸽子有归巢本能，猎豹有非凡的速度，牛羊有温顺沉默的性格等。不能就因此说人类独有的特性就优于非人类物种的特性，因为没有任何不回避问题实质的观点来证明这一点。从人类的角度来看，理性比其他非人类物种特性的特点更为可贵，因为作为人类，我们如果将理性与其他非人类物种的独特特征进行交换的话，境况也不会得以改善。然而这一点对其他非人类物种来说也是一样。一般而言，如果鸽子、猎豹、牛羊等非人类物种将自己独有的特性同其他物种之间进行交换，它们的生活也不会因此更好过。

当然，要是一些物种中的成员能够在保留自己种类独有特性的同时，还能取得一些其他物种的一个或几个特性，那就更好了。举例来说，人类如果能在保有我们独有特性的同时，还能像牛羊一样温顺沉思，那就更完美了。这样就能够扩大我们膳食的范围。但是如果没有物种本身的基因突变，很多物种的独特基因要想添加到其他物种身上，甚至只是想象一下都行不通。比如说，猎豹如果想获得人类独有的特性的话，很可能它的爪子就会变得在某种程度上与人类的手类似，来适应人类的心理功能，这样就会失去自己非凡的速度，最终也就不是猎豹了。除了我们最亲密的进化亲属可能是个例外，这一现象对其他物种也适用：它们即使拥有了人类独有的特性也不会有多大改善。只有在童话故事和迪斯尼乐园里，这些非人类物种会拥有一系列完整的人类独有的特征。所以，似乎没有什么毋庸置疑的观点可以证明人类的特性就是优于那些非人类物种的特性，因此，我们也就没有无可辩驳的理由拒不承认非人类物种没有道德身份。

当然，人类通过运用技术，使得自己变得比其他物种更为强大。但是正如我们在人类伦理中所了解到的那样，强大和道德并不能混为一谈，并且在人类伦理中，强大并不是拥有道德身份的必然要求。

如果说除了一些最亲密的进化亲属之外，我们人类是唯一的道德主体，这一说法也不太可行。当然，大多数有情众生和所有的无情众生缺少这一能力。然而，所有这些意味着我们人类，作为道德主体，能够认识到谁拥有道德身份，并且能够采取相应的行动。但不能由此推断，我们人类就是唯一拥有道德身份的主体。如果说要拥有道德身份，那就意味着为了一己之私利，就应该大大限制道德主体的行为。拥有道德主体的生命体有自己的善，因此在这一点上来说，他们不应该仅仅被当作为他人谋求福利的工具。值得注意的是，我们并没有拿出任何毋庸置疑的理由，能够证明我们不承认所有的生命体都是有道德身份是正确的。

解决冲突的原则

然而，即使我们承认所有的生命体都拥有道德身份，我们还是能够用人类保护原则作为挡箭牌，作为对人类有所偏重的借口。于是，我们有

人类保护原则：对于满足个人或者说其他人的基本生活需求来说是必要的行为——即便这样需要侵犯动物个体或者植物的基本需求，或者甚至威胁到整个物种或者生态系统——也是被允许的。

总体上来说，如果需求无法得到满足的话，就各种标准而言，就会导致缺乏或者减退。人类基本生活需求如果不能够被满足，相对于一个体面的生活的标准而言，就会存在缺乏或减退；动植物的基本需求如果不能够被满足，对于一个健康生活的标准而言，也会导致缺乏或减退；物种或者生态系统的基本需求如果不能够被满足，对于一个健康生活的标准体系而言，

也会导致缺乏或减退。满足人类基本生活需求的必要手段，在各个社会都会有很大不同。与之相比，满足动植物某个特殊物种的基本需求的必要手段却是一成不变的。当然，尽管只有一些需求能被清晰地界定为基本需求，而其他的都被定义为非基本的，但仍然有一些其他需求，或多或少地难以界定。鉴于这一事实，即并非每种需求都能像一系列对立的概念那样——比如道德／不道德、合法／非法、活着／死去、人类／非人类——能够清晰地被界定为基本的或者非基本的，我们就不应该墨守成规，至少不能像在典型情况下一样行事。

在人类伦理中，严格来说，没有任何原则同人类保护原则类似。这是人类伦理中的自我保护原则，允许采取必要的手段来满足某个个体或者其他人的基本生活需要，甚至即使可能由于疏忽大意，这一行为无法满足其他人的需要。比如说，我们可以利用我们的资源来养活我们自己和我们的家庭，即便这些生活必需品无法满足那些发展中国家的基本生活需要。但是，总体来说，我们并没有这样一个原则，允许我们为了满足自己的基本生活需要，或者是为了满足某些托付给我们的人们，抑或是某些我们碰巧想去关心的人们的基本生活需要，而去侵犯他人的生存需求（通过某项授权的行为）。只有在一个地方，为了满足自己的生存需求，或者是为了满足某些托付给我们的人们，抑或是某些我们碰巧想去关心的人们的生存需求，我们才被允许去侵犯其他人的生存需求，那就是在救生艇上，我们接受生与死的结果。在可用的资源面前，没有人有优先权。比如说，假如你为了自己或者家人，不得已去同他人争抢救生艇上的最后一个位置，我们就可以说，为了捍卫你自己或者家人的基本生存需求，你侵犯他人的生存需求是有理由的。

现在，人类保护原则并不允许我们侵犯人类的基本生存需求，即便这是能够满足我们自己或者其他人的生存需求的唯一途径。更确切地说，这个原则是针对不同范围的情况下，我们可以通过侵犯非人类物种的生命，来满足我们自己和其他人的基本生存需求。在这种情况下，人类保护原则允许采取必要的手段来满足个体或其他人的基本生存需求，即便这涉及到侵犯动植物个体的基本生存需求，乃至伤害整个物种或者生态系统也不足惜。

当然，我们可以想象得出一个更加宽容的人类保护原则，一个宽容到可以允许我们为了满足自己和其他人的基本生存需求，而不惜侵犯其他人类和非人类的基本生存需求的原则。但是如果采用这一原则，允许同类相食，显然可以减轻人类对其他物种掠夺的程度，从而会对其他物种有利，但很显然这又会在满足人类的基本需求这一点上适得其反。这是因为对人类同胞的无私的宽容有一个合理的期望值，基于此产生了隐含的互不侵犯协定，这对于人类来说是非常有益的，也可能对于人类这一物种的生存来说是必需的。因此很难找出人类要求放弃这样做的好处。

此外，在人类这一隐含的互不侵犯协定的审慎价值之外，似乎没有一种在道德上无可辩驳的方法，能够排除对一些人的保护。这是因为，考虑到至少需要强制某些人作出牺牲，而要求他们作出这样的牺牲是不符合理性的，因此任何排斥行为都违反了"应该"蕴涵"能够"的扩展原则。

但是人类保护原则有没有例外呢？比如说思考下面的一个真实案例。在尼泊尔奇旺国家公园附近，数千个尼泊尔人砍伐了森林，种植了谷物，养殖了牛和水牛，但是他们为了一己之私利，也侵扰了公园的利益。这样一来，他们也威胁到了犀牛、孟加拉虎和公园中其他濒危物种的利益。假设没有其他人的基本生存需要受到威胁，那么在这种情况下，为了保护濒危物种，那些潜在的非人类濒危物种的人类守护者们，阻止尼泊尔人满足他们的基本生存需要是合理的吗？在我看来，在处于劣势的尼泊尔人的基本生存需要被牺牲掉之前，这些潜在的非人类濒危物种的人类守护者们，应该首先将他们自己以及其他人可动用的剩余物品拿来，用以满足他们意欲加以限制的尼泊尔人的生活需要。然而很清楚的是，为满足人类的基本生存需求而动用整个人类所有可用的剩余资源将是十分困难的。在目前的条件下，这一需求肯定得不到满足。另外，迄今为止既然富人不情愿对资源做出必要的转让，以至于穷人为了存活而不得不转而寻求濒危物种，因此有必要诉诸合适的武力手段来对付富人以保护濒危物种，而不是用武力对付像尼泊尔奇旺国家公园附近的穷人。无论出于何种目的，人类保护原则的道德容许度甚为宽泛，这就意味着他人禁止干涉本原则所允许的对非人类生物的侵犯。

然而，偏向于人类这一原则仍然可以越过边界，这一原则所需要的边界在如下原则中得到了充分体现：

比例失调的原则：一旦为了满足人类的非基本生活需要或者奢侈生活的行为侵犯了动植物个体，甚至是整个物种乃至整个生态系统的基本生存需求，这些行为是被严令禁止的。

这一原则非常类似于人类伦理中的原则，同样禁止为了满足一些人的非基本生活需求或者奢侈性的需求，而侵害另一些人的基本生存需要。如果在非人类物种世界中也采取这样一种原则的话，我们的生活方式无疑将会受到极大的影响。然而，如果作此要求的话，是否就要对所有物种成员都有道德身份这一诉求提出实证呢？正如我们不能一边声称所有人都拥有道德身份，然而一边又为了一己之私利，为了自己非基本或者奢侈的生活需求来侵犯其他人的基本生活需要；我们再也不能一直声称所有物种成员都有道德价值，然而又侵犯动物和植物的基本生存权利。因此，如果说声称物种拥有道德身份确实有意义的话，那么意义或许在于，根据比例失调原则的要求，必须要对非人类物种成员的基本生存需要加以保护，以使其免于遭受各种侵害，而这些侵害行为仅仅是为了满足人类非基本生存需要。提出这一中心主张的另一方式还在于，声称拥有道德身份可以排除人类对其统治和管控，而统治和管控就意味着为了满足一部分人的非基本生存需求而去侵害另一部分人的基本生存利益。

然而，为了避免对我们人类物种施加无法接受的牺牲，我们还可以以防卫为理由，以此偏重于为人类正名。那么，我们就有了：

人类防御原则：允许为了防止自己和他人受到侵害而采取行动，即便这一行动必然要杀害或者伤害动物或者植物个体，或者甚至毁掉整个种类或者生态系统也不足惜。

这一人类防御原则允许我们保护自己和他人不受侵害。首先，保护我们自己的人身，以及需要我们全力以赴保护的人的人身，或者那些碰巧需要我们关心的人的人身不受侵害；其次，保护我们合法持有的财产，以及需要我们全力以赴保护的人的合法财产，或者那些碰巧需要我们关心的人的合法财产不受侵害。

这一原则同人类伦理中的自我保护原则很相似，允许人们采取行动，保护自己或者他人不受其他人侵害。然而，在受到人类侵略的情况下，有时还可以先承受侵害，然后再获得足够的补偿，以此来有效地保护自己和他人。在我们所熟悉的其他非人类物种的侵害行为中，这种情况就不太可能发生，比如杀死一只狂犬，或者拍死蚊子，如果更多有害的预防措施就不太合理。比起阻止我们所熟悉的非人类物种的侵害来说，有更多的方法能够有效地阻止人类的侵害。

最后，我们还需要一个原则来应对有违前面三条原则的情况。于是，我们就有了：

矫正原则：在其他原则被违反的情况下，必须要做出补偿和赔偿。

很显然，这一原则略显含糊，但是对于那些愿意遵守其他三条原则的人来说，应该可以作为可能的补救措施来弥补在实践中的模糊。此处，非人类物种利益的潜在守护者们，就可以有一个有用的角色能够为违反不均衡原则的行为进行适当的补偿或赔偿；甚至更重要的是，为这些补偿和赔偿设计合适的方式。

个体主义与整体主义

然而这可能会遭到反对，质疑我们并没有考虑到个人主义者和整体主义者之间的冲突。对于整体主义者来说，单个物种的利益，或者单个生态系统的利益，或者是某个生物群落的利益，都要大于单个生命体的利益。对于个人主义者来说，每个单个的生命体的利益，都必须受到尊重。

现在，有人可能会认为整体主义者会要求我们摒弃人类保护原则。然而还是要考虑一下：假设人们的基本需求岌岌可危，如果他们试图满足这些需求的话，即使这样会伤害非人类的个体、物种、整个生态系统，乃至整个生物群落，这怎么可能会在道德上令人反感呢？当然，在这些有冲突的情况下，为了保护非人类个体、物种、生态系统或者整个生物群落不受伤害，我们可以要求人们放弃自己的基本生活需求。但是如果人们的基本生存需求得不到满足，我们要求他们作出这样的牺牲的话，将会非常不合理。

当然，我们还可以要求人们合理地尽其所能，第一时间避免这种冲突发生，正如在人类伦理中，很多严重的利益上的冲突都可以通过在早期遵循道德规范得以避免。然而，如果生命基本生存岌岌可危，个体主义者的观点通常似乎是无可争议的。我们通常不能要求大家都是圣人。

与此同时，如果人类的基本生存并非岌岌可危，那我们以整体主义者的立场行事，保护非人类个体、物种、生态系统或者整个生物群落不受伤害就会合情合理。很显然，很难判断我们的干预何时会产生效果，但一旦我们能够合理地确定他们会产生效果的话，这些干预（在没有狼群的地方扑杀麋鹿或保护濒危物种的栖息地）在道德上是被允许的，而且在矫正原则适用的情况下在道德上也会是有所要求的。这就表明，如果人类的基本生存需求岌岌可危的话，我们赞同和支持个体主义者的立场是可能的，反之则赞同整体主义者。

然而，如果意识到所有物种都有道德身份，但是非人类物种成员会承受比人类物种成员更大的牺牲这一情形就会显得与个体主义和整体主义观念的结合有些冲突。庆幸的是，这一表象是有欺骗性的。尽管只有当人们的基本生存需求有保障的时候，施行整体主义这一拟定的决议才有合理的理由，但这并不能证明实施个体主义是合理的。相反，如果人们的基本生存需求受到了威胁，这样就只会允许施行个体主义。当然，我们还可能在所有情形下都会实施个体主义。鉴于事实上这样就意味着去攻击那些只拥有唯一谋生手段、挣扎在温饱线上的人，正如人类保护原则所允许的那样，实施这些要求一般来说是不合理的。这就涉及到剥夺人们的基本生存手段，即便这些手段不是自己的生存所必需的。

然而，这两者观念的结合或许会使得动物解放论者对这一决议对待动物的态度感到疑惑，质疑其是否还有别的含义。很显然，关于这一主题已经有很多研究成果。起初，哲学家们认为人道主义也可以进行扩展，可以将动物解放，甚至可以将环境保护因素都囊括进来。然后贝尔德·柯倍德（Baird Callicott）反驳说，动物解放和环境保护两者之间互相矛盾，正如它们同人道主义也矛盾一样。柯倍德将它们之间的冲突称为"三角事件"。马克·萨戈夫（Mark Sagoff）赞同柯倍德的观点，他指出任何试图将动物解放和环境保护相结合的行为都会导致"错误的联姻和快速的解体"。然而其他哲学家，比如玛丽·安·沃伦（Mary Ann Warren），就倾向于淡化两者之间的矛盾，甚至柯倍德现在也认为他能够将两者重新产生关联。他们有充分的理由证明这种想法是可行的。

现在，尤其是在发达国家，如果大家都能普遍接受动物解放论者所推荐的素食膳食食谱，那么环境将立刻会因此受益。这是因为当今大部分牲畜生产所消耗的谷物，可以更有效地直接用于人类的消费。举例来说，90% 的蛋白质、99% 的碳水化合物和 100% 的谷物纤维都经由牲畜的循环浪费掉了，现如今在美国 64% 的谷类作物都被用来喂养牲畜。因此，如果大家的膳食，尤其是在发达国家，都能普遍偏重素食的话，可以显著减少必须保有的、用来生产足够的粮食的耕地数量。这样一来，反过来通过消除饲养牲畜而导致的水土流失和环境污染，对整个生物群落势必会产生有益影响。比如说，据估计，美国的农田、牧场、农场和森林地区的表层土壤的流失，有 85% 都与饲养牲畜直接相关。因此，除了防止动物受罪之外，还有这些额外的理由来支持素食膳食。

但是，即使有更多的人支持素食膳食，我们大家都变成严格的素食主义者，农场动物的利益是否就能得到很好的保护依然未可知。萨戈夫假设说，在一个完全素食的人类社会中，人们可能还会像之前那样接着饲养动物。但目前尚不清楚，我们是否有义务这样做。此外，在一个完全素食的人类社会中，我们很可能还需要拿出现在饲养牲畜所用的一半的谷物，用来满足人类的营养需求，尤其是在发达国家。这样一来，粮食根本就不够，从而还有必要为子孙后代保护农田。因此，在一个完全素食的人类社会中，似乎农场动物要被摧毁殆尽，并且幸存下来的会被移交给动物园。但是对于人类和农场动物来说，饲养牲畜可以被看作双赢。当然，对于农场动物来说，它们可以得以存活，健康受到保障，然后接受相对轻松的宰杀，总比它们从来没有存活过要强。因此，一个完全素食的人类社会不符合农场动物的利益。当然，在道德上不会要求任何人以这种方式使农场动物存活和繁殖。在道德上来说，在动物园里饲养一些不同亚种的代表性动物就足够了。然而，很多人会发现如果拒绝在道德上允许的、并且对于人类和农场动物是双赢的这样一种安排，是非常困难的。

这似乎还符合野生物种的利益，它们的天敌不再为人类所捕杀。当然，如果可能的话，最好还是要引入一些自然界的天敌。当然，这并不总是可能实现的，因为农场动物和人类种群之间不可避免地要比邻而居，因此如果不采取措施控制野生物种的数量，对于物种和环境来说就会是一场灾难。比如说，有蹄类动物（有蹄的哺乳动物，比如白尾鹿和北美黑尾鹿、麋鹿和北美野牛等）和大象等，如果环境中缺少它们的天敌的话，它们就会迅速繁衍，以至于超过环境的容纳量。因此，对这些野生物种和其所赖以生存的环境来说，人类适时地予以周期性的干预以保持生态平衡，可能是一件好事。当然了，为了保护资源，也为了保护生活在其中的野生动物，对很多自然环境，我们可以简单地任其自然发展。但是此处，动物解放和环境保护不会发生冲突。从这些因素来说，动物解放主义者似乎没有理由反对个体主义和整体主义相结合的提议，结合提议还是由冲突解决方案的原则得出的。

来自外星系视角的反对

然而，对于我们此处所捍卫的生物中心论，至少还存在着一个严重质疑。从一个稍显外行的观点来看，可能会存在疑问，我们的观点不够生物中心化。思考如下情况。假设我们的星球遭到某种有智慧和非常强大的外来物种入侵，他们可以轻而易举地令我们俯首帖耳。假设这些外星生物对我们的生命历史有所研究，他们就会明白我们是如何对地球竭尽掠夺之能事，使得很多物种灭绝，并且让很多其余物种也已濒临灭绝。简言之，假设这些外星人发现，我们人类就像地球这个生物圈的一颗毒瘤。

进一步假设一下，这些外星人非常清楚地知道我们同地球上其他物种之间的区别。假设他们清楚地认识到，比起地球上其他生物，我们在能力和智力上与他们更为相像。即便如此，假设这些外星人仍然选择保护这些因为我们而趋于灭绝的物种，他们开始勒令我们，除了维持一种体面的生活所必需的物资之外，不许再消耗多余的资源，这将会大大降低我们对其他濒于灭绝的物种的威胁。然而，外星人想要的还不止这些。为了拯救濒于灭绝的生物，他们决定消灭我们中的一部分人口，减少人类的数量，以使整个生物圈恢复到当初的平衡状态。

如果现在这些真的会发生，我们有没有足够的道德理由来反对外星人所采取的种种行为？当然，我们还可以反驳说，要求我们所消耗的资源仅能维持一份体面的生活，这是不合理的；因此在道德层面上来说，我们无须像外星人所要求的那样去做。但是这些外星人不需要否认这一点。他们或许会意识到，消灭一定数量的人类人口，并不能找到合理的理由要求人类去执行。作为濒危物种的捍卫者，他们所寻求的是一种权利，可以对人类施加更大的束缚，同时也意识到，人类也有相应的权利来竭尽全力抵御该束缚。当然，在这一虚拟的情境下，人类任何的抵抗都将是徒劳无功的——外星人实在太强大了。

如此一来，外星人就会置身于我们冲突解决方案所隐含的道德原则之外。满足个人基本生存需要的道德可行性和受到人类保护原则和人类防御原则保障的自我保护原则，分别意味着那些准备捍卫非人类物种的利益的人，在道德上禁止干涉人类利益，因为人类是为了保护和捍卫自己而采取的必要措施，尽管这可能会涉及侵犯非人类物种的基本生存需求。然而，在我们人类虚构的故事中，外星人一直拒绝这一道德禁令。反之，他们声称，对于他们来说，联合那些地球上的濒危物种在道德上是允许的。外星人声称，在道德上我们无法谴责他们，也不能排斥他们的行为。据他们称，他们有权利试着对我们人类这一物种的行为施加更大的限制，并且我们也有权利予以拒绝。或许他们是正确的。我们要怎样才能拒绝这些热爱非人类物种的外星人的行为呢？

同样，如果激进的"地球优先"行动的成员们采取类似的行为，我们也无法拒绝。据他们称，他们选择"回归自然"，并且在某种程度上从人类社会自我放逐，以期能够在保护濒危物种方面做得更彻底一些。当然或许会有争议，这些"地球优先"行动的成员们还可以采取其他更为有效的方式来拯救濒危物种，但是如果他们的手段被证明在保护濒危物种方面是最为有效的，那么我们又将作何反对？当然，我们或许还可以反对说，正如我们基于同一立场反驳外星人一样，如果他们逾越了道德底线呢？但是正如在外星人案例中一般，我们似乎并没有任何道德上的反对意见来抵制外星人的行为。这就表明了，虽然道德不能将不合理的要求加诸人（也就是说，这一要求不能有悖于"应该"蕴涵"能够"原则的扩展原则），它可以准许（正如此处一样）不能强加于人的行为，正如在救生艇案例中一样。

即便如此，在这些激进的"地球优先"行动的成员们为了保护濒危物种而牺牲人类同胞的基本生存需要之前，首先应该要求他们将自己手中剩余的无论何种物资拿出来散给其他人，然后再去牺牲人类同胞的基本生存需要以拯救濒危物种。然而，很明显的是，耗尽所有人类的全部剩余资源以拯救濒危物种，这一点是很难做到的。在目前条件下，这一要求显然无法得到满足。与我们假想出来的外星人不同，我们假设外星人在开始屠杀人类以进一步降低对濒危物种的威胁时，他们首先能够强迫我们不得使用超出维持一份体面的生活的资源，激进的"地球优先"行动的成员们的努力很可能就只能止步于第一个步骤了。同我们假想的外星人不同的是，现实生活中的激进的"地球优先"行动的成员们没有正当理由采取第二个步骤，也就是牺牲人类同胞的性命以成全濒危物种的利益。

因此，即便我们能够想象假想中的外星人和激进的"地球优先"行动的视角，并且认识到这是一个在道德上可行的立场，却仍然没有削弱人类保护原则、比例失衡原则、矫正原则的道德力度。这些原则仍然体现了我们能够合理地要求人类遵守的道德规范。事实上，这一外星视角的第一个步骤要求这些原则予以施行。只有在第二个步骤中，假设外星人所作所为是合理的，而在真实生活中，激进的"地球优先"行动的成员们几乎没有理由实现自己的行为，我们看到这是对这些原则的背离。因此，这一外星的道德视角的唯一的可能性，并没有削弱这些冲突解决原则的道德理由。

当然了，仔细考虑一下如何实现这些原则之后，有人或许会问：你怎样将基本生存需求和非基本生存需求区别开来呢？提出这一问题的人或许不会认识到，这一区分方法是如何得以广泛应用的。正如对于这一区别的应用所证明的那样，虽然对于全球伦理来说，这一区别确实非常重要，但是它也被广泛应用在道德、政治和环境哲学领域：但是在这些领域实现哲学实践真的是不可能的，尤其是在现实层面，如果对基本生存需求和非基本生存需求不加以甄别的话。回应这一问题的另一个方式则是，可以指出并非每一项需求都可以被清晰地加以界定，分为基本生存需求和非基本生存需求——正如一系列的二分法概念那样，比如道德 / 邪恶，合法 / 违法，有生命的 / 无生命的，人类 / 非人类等——使我们可以清晰地按照这些界定的标准行事。我们可以将这一区别运用到一个更为广阔的背景下，这一背景建议如果我们不能在道德、政治和环境哲学领域运用这一基本 / 非基本区别的话，其他泛运用的二分法概念都会同样受到威胁。它还表明我们如果无法对每个可以考虑到的需求加以清晰界定，将其区分为基本 / 非基本需求，就不应该阻止我们在一个至少清楚的情形下运用这样一个区别。

此处还需要进一步指出一点。如果我们开始对清楚的情形作出回应，举例来说，停止为了一些人很明显的奢侈生活需求而侵害另一些人清晰的基本生存需求，那么在不甚清晰的情形下，我们就可以知道如何能做得更好一些。这是因为真心地尝试实践道德承诺能够帮助个人作出更好的解读，就像如果无法践行的话就会使得作出解读更为困难。因此，这样看来，我们完全有理由按照本章中所捍卫的冲突解决原则行事，至少是在清晰的事例中理应如此。

结束语

传统伦理学遭到质疑，认为它们对非人类物种存在歧视和偏见。为了最大程度地避免这一歧视，本章辩称传统伦理学应该支持和采纳生物中心论的论述。这一观点要求接受捍卫人类原则、人类保护原则、比例失衡原则和矫正原则，作为解决人类和非人类物种之间冲突的适当的优先解决原则。

第八章

来自女性主义伦理学的质疑

男性和女性确实会有不同的道德判断，但是并无证据表明，男性的道德判断就优于女性。我们只能说，它们是有所不同的——这才比较合理。

能够将被视为女性传统美德和男性传统美德的品德和可取的性格特质糅合在一起。我们可以将其称之为"雌雄同体"理想：一个男性和女性共同的理想。

"雌雄同体"理想应该被看作所有人——那些在虚拟的"无知之幕"之后的人们，那些其行为能够使得周围所有相关者的净效用或者满意度达到最大化的人，那些追求自己的幸福被人正确理解的人们——都赞许的状态。

传统伦理学没能对女性利益给予充分考虑，这导致了女性主义伦理学的兴起，后者认为传统伦理学更偏重男性。最近对这一质疑的研究兴趣起源于卡罗尔·吉利根（Carol Gilligan）在 1982 出版的《不同的声音——心理学理论与妇女发展》（*In a Different Voice*）一书。本章将主要讨论传统伦理学的两个明显不足，表现在如下方面：（1）正义论；（2）理想的道德高尚的人；本章还就如何矫正这些歧视提出了建议和意见。

吉利根的质疑

　　在其研究的里程碑式的著作《不同的声音》一书中，吉利根对当时盛行的观点提出了质疑，该观点认为，女性的道德发展要滞后于男性。在吉利根看来，男性和女性确实会有不同的道德判断，但是并无证据表明，男性的道德判断就优于女性。我们只能说，它们是有所不同的——这才比较合理。

　　吉利根进而对女性所青睐的关怀取向的伦理道德观同男性所看重的正义取向的伦理道德观作了一个对比。在她看来，这两种观点同模糊的知觉组织模式颇为相似，比如，将一个图形先是看作正方形后又看作菱形，取决于它同周围外部框架之间的关系。或者更具体地说，吉利根指出：

　　从正义取向的角度来看，自我作为处在社会关系背景中的道德主体，通过平等或者给予同样尊重的标准（绝对命令、"你想人家怎样对待你，你也要怎样待人"的基督教黄金法则）来判定自我和他者的诉求冲突。从关怀取向的角度来看，这一关系成为一个可以定义自我与他者的图形。在这一关系的语境下，自我作为道德主体对认知的需要进行观察和反馈。道德视角的这一转换通过不同的道德问题呈现出来："什么是正义？如何进行反馈？"

运用这些视角作为分类工具，吉利根在报告中提出，69%的受访者对正义和关怀视角都有所关注，而67%的人关注的却是一组问题。尤为重要的是，有一个例外，但凡有所倾向的男性，他们无一例外都看重公正。女性则不完全统一，大约有三分之一的人看重关怀，另外三分之一看重公正。通过这一调查，吉利根得出结论，作为一个同样重要有效的道德视角，它之所以在道德理论和心理调查中缺位，是男性的偏见所造成的。

然而，批评家们却对吉利根提出的这两种截然不同的观点有多少意义提出了质疑。一度吉利根将公正视角解释为"行事不要对他人有失公允"，将关怀视角解读为"不要拒绝那些需要你帮助的人"。但是这两条原则都无可避免地同某些公正的视角产生了关联。比如说，在一个福利自由主义者看来，他理想中的公正是，公正地对待别人就是对他人的需求给予回馈。

有时吉利根会将这两个视角之间的区别进一步加以区分，她会对公正视角加以限制，将其表述为仅仅是要求互不干涉的权利以及相应的他者也不干涉的义务。同样，一位受到吉利根著作启发而编撰了一系列论文的编辑也辩称，在一个公正视角看来，"人们肯定有权利不受干涉，却未必有权去帮助别人。"这是旨在用自由主义的观点给公正视角做一个界定，目的在于拒绝福利和权利平等的机会。而对于公正视角的特征描述又没能够支持其他公正观点，正如福利自由主义有关公正的视角，或者一个社会主义者有关公正的视角，这两者肯定都不仅仅要求不被干涉的权利。

这可能会遭到反对，一些公正视角的诉求或许会显得同关怀视角相互吻合，但是情形并非总是如此；至少在某些情形下，这两种视角会发生冲突，关怀视角就会显得优于公正视角。

弗吉尼亚·赫尔德（Virginia Held）给我们提供了一个例子，在这个例子中，关怀视角就优先于公正视角被加以考虑。一个幼儿的父亲同时也是一位教师，他在帮助问题儿童上颇有心得，能够帮助他们在学业上取得成功。如果这位父亲将大部分精力都投入到帮助问题儿童上，只能让他的妻子和其他人照看自己的孩子，他就会在工作上很有建树。虽然这位父亲考虑到了如果他能抽出更多时间陪伴自己的孩子，肯定会更有助于他的成长，但是他如果肯在问题儿童身上投入更多精力，帮助他们学习，效果则会更为显著。然而，赫尔德认为，在这一案例中，关怀视角——认为这位父亲应该多抽些时间陪伴自己的孩子——优先于正义视角，后者认为这位父亲应该将更多的精力投入到问题儿童身上，以帮助他们取得学业上的成就。

但是即使假设赫尔德的观点是正确的，目前仍不清楚关怀视角是否就优于正义视角。正如克劳迪娅·卡德（Claudia Card）所指出的，将父亲要求能有更多时间陪伴自己的孩子视为（特殊）正义的一个要求，这点是可行的。设想一下，孩子理应得到父亲更多的关爱，而特殊正义要求父亲给予孩子他所应该享有的权益。从这个意义上来说，特殊正义的需求优先于普遍正义——帮助其他需要帮助的人——的要求。另外，这个例子再一次证明了，试图甄别正义视角和关怀视角是何其困难。

但是如果我们在理论上对这两种视角无法加以界定，那么在实践中，研究者们就无法对不同的道德取向加以判别和解读。当然，正如吉利根所观察到的那样，人们会频频使用正义和权利两种话语，但是我们需要解读隐藏文本，看看在使用或者不使用这些语言的时候，其真正意图为何。如果在理论上无法对正义视角和关怀视角进行可行的甄别，我们就会看到，在关怀视角之外，人们就会频繁地诉诸正义和权利视角来对别人的需要表达关心和关怀。

传统伦理学中的正义理论在实践中的不足

尽管我们在理论上无法对正义视角和关怀视角做一个可行的界定，但至少正义的一些概念也能够传递对他人需求的关怀和关心；在实践层面，对传统伦理学提出女性主义伦理学的质疑，仍然是可能的。这是因为，即使在理论上给予了正义观念足够的论证，但是在实际操作层面，仍然没有对女性的利益给予适当的考虑。

比如，以约翰·罗尔斯的正义论为例。正如我们之前所提到的，在康德伦理学的框架之下，罗尔斯主张，正义的原则即是人们都躲在一个想象中的"无知之幕"的后面，一致同意做出的决定。这一想象中的幕布可以延伸到自身的具体情况的各个方面，每个人都不知道一些有关自身的特殊事实，从而可能会将任何使选择出现偏差或者影响达成一致意见的事物屏蔽掉。它遮蔽了个人的社会地位、才干、性别、种族和宗教信仰，但是不会屏蔽个人有关政治、社会、经济和心理的一般信息的知识。罗尔斯声称，人们在这种"原初状态"下将会选择那些正义原则，因为他们具有罗尔斯声称的"正义感"，也就是说，他们有能力遵从自己所选择的正义原则。在罗尔斯的理论中，人们具有"正义感"的这一假设是在这样一种假设之上更进了一步：位于"原初状态"下的人们，是在正义的家庭中成长起来的。但是，虽然罗尔斯将他的正义原则蕴涵在正义的家庭的可能性之中，他本人直到 1997 年，即他的巨著《正义论》（*The Theory of Justice*）出版 25 年之后，对于正义家庭的本质都只字未提。

这是歧视还是选择

在女性主义看来是歧视的情况，在他人看来，却是女性选择的结果。有人断言，如果女性只是在选择方式上与男性有所不同，那么她们的收入水平与男性应该是一样的。但是将两性之间的收入差距归咎为选择差异解释不通，除非我们能进一步证明男性和女性拥有同样的选择机会，因此在他们做出不同选择的时候，我们就可以将其归因于选择差异，而与他们之间显著的选择机会不同无关。那么问题的关键在于，在家庭和事业两个方面，美国女性是否拥有与男性一样的机会？

现在，男性和女性都组建家庭，在理论上来讲，他们可以各自以不同的方式兼顾家庭和事业。理论上，他们既可以承担家长的角色，又能赚钱养家；或者说，夫妻中一个人将重心放在家庭上面，而另一人则负责赚钱养家。

那么，考虑一下第二种可能性，扪心自问一下，倘若女性可以和男性一样，在选择重心放在家庭和赚钱养家之间的机会均等，那需要什么条件？一般来说，只有当男性愿意在以家庭为中心和赚钱养家之间做出选择时才可以：这难道不正是我们在找寻的答案吗？如果男性意愿不是同女性一样强烈，这似乎就意味着，女性就无法在两者之间拥有同样的选择机会。这是因为，没有太多男性愿意承担起照顾家庭的责任，做妻子的后盾，使其能够得以在两种角色之间做出选择。这样一来，因为男性不愿承担照顾家庭的责任，女性就无法在两种角色之前游刃有余地做出选择。尽管近年来有越来越多的男性愿意回归家庭，但是大部分男性还是心不甘情不愿，这样就剥夺了女性在两种角色之中做出选择的平等机会。

现在，有人或许会提出质疑，男性方面或许也会有此类问题。难道不能说，也正是女性不心甘情愿赚钱养家，才导致了男性丧失了在照顾家庭和赚钱养家之间做出选择的平等机会？但是根据经验来看，实际上并非如此。至少在当今社会，女性进入就业市场，她们被给予了工作机会。这样一来，她们的行为就为男性在家庭方面承担更多的责任提供了相当可观的机会。但是尽管较之从前，比如说20世纪60年代，男性在照顾孩子和料理家务方面有了很大进步，但是已婚全职事业女性在照顾孩子和料理家务方面承担的工作量，仍是她们配偶的两倍。美国其他研究表明，男性认为，如果和配偶大致平分家务，比如说大约48%，对自己来说显失公平。根据这些研究结果，他们认为自己承担大约36%的家务量才是合适的，只有当他们的配偶承担家务的70%以上的时候，这种分配才是不公平的。

庆幸的是，这种平等的推进并不完全有赖于男性自觉自愿承担起照顾孩子的责任。这是因为，即使有些女性幸运地找到了一位愿意这样做的伴侣，对方是否愿意照顾孩子或是赚钱养家并不是太重要。实际上，如果充分推广这一选项将会颠覆传统家庭中男主外女主内，即父亲赚钱养家母亲主要照顾孩子的局面。

研究还表明，在那些夫妻双方均兼顾照顾孩子和赚钱养家责任的家庭中，并不青睐这一传统秩序。尽管从理论上讲，夫妻双方分别承担照顾孩子和赚钱养家的责任是可行的，也是公平的，但是在心理上，就很难将平等这一套说辞（我们说每个角色分工都是平等的）与现实（我们仍然觉得赚钱养家者更为重要）割裂开来。在美国，在几乎所有的调查中，那些在各自领域内均有影响的夫妻，在婚姻关系中地位也并不均等。一项研究发现，配偶中收入更高的一方，在决策时更有话语权，并且收入差距越大，收入更高一方的话语权就越大。因此，一旦我们认识到，不管是传统婚姻模式还是少数颠覆性的婚姻模式——女性主要负责赚钱养家，男性负责照看孩子——都不无问题，我们可以进而欣赏第二种选择方式的优越性，即男女双方都可以事业和家庭兼顾，能够平分照顾孩子和赚钱养家的责任。此外，有相当数量的证据表明，这种父母双方兼顾平分的家庭模式更有益于儿童成长发育。因此，那种让单方父母长时间照顾孩子，其他家务平分的模式并不是最佳选择。

　　然而，不论这种双方平分的方式在理论上有多么可取，在实践中要有效地实现却不太可行，除非能够提供如下制度性的支持：

1. 在分娩或者收养孩子期间，产假政策为有工作的母亲提供工作保障，以及由公共财政拨款的替代性工资；

2. 父亲一方的额外的育婴假，在婴幼儿期，为父母双方提供带薪假期；

3. 父母双方有权抽出一些时间休息，为了应对养育子女过程中的一些短期的、无法预见的需要，比如普通的患病、子女突然无人照顾或发生在学校中的突发事件；而无需担心会扣发工资或者失去岗位；

4. 还应该制定一个政策，根据家庭收入、子女数目和年龄等指标，按一定的比例标准，为所有家庭抚养子女的费用提供资助。

美国在 1993 年通过了《家庭医疗休假法》(*the U.S. Family and Medical Leave Act of 1993*)，该法规定，在分娩、收养或者家庭成员病情严重时，员工可以无薪休假。较之前的法规，将这一选择进行制度化是向前迈进了一步，但是若是将其与西欧现行的制度比较起来，还是要落后一步。此外，美国各州政府和联邦政府运用干预手段和资金支持在家庭中分摊责任是正当的，就像在西欧，有教养的孩子也是一种公共利益，理应获得政府的干预和资金支持。

有了制度性的支持，大众的普遍预期就将是父母双方都能够在事业或工作上做出可以接受的进步，同时在理想的日托服务的帮助下，又能够适当地平摊照看孩子和家务劳动的责任。这就使得他们在家务负担之余，能够在事业或者工作上有所成就，这也最符合他们子女的最大利益。对于男性和女性而言，这是获得平等机会的最佳方法，并且也是唯一公平的选择方式。

有时有人会辩称男性缺乏料理家务和抚养孩子所必需的技巧，因为在男性的成长过程中缺乏这种知识，他们从小就被灌输一种观点，认为料理家务和抚养孩子不是男人应该做的事情。为此，我们需要采取手段试着去纠正这些令人遗憾的错误观念，比如通过要求在学校（包括在大学和学院）中设立教育课程，投放类似禁烟和禁止性别歧视的、针对儿童的公益广告。这样一来，使得结婚证书的发放条件建立在一种特殊的教育计划之上，该计划强调在家庭生活中男女双方拥有平等的选择机会和公平。另外，各机构和组织，比如私立学校和教堂——它们并不主张男女两性机会均等——不应拒绝提供包括免税身份等公共支持。

然而，或许会有人质疑，至少在家庭结构中，我们不应该运用机会均等原则或者公平原则，而应该本着慈爱和亲情原则。但是慈爱和亲情原则的标准之一就是不公，并且仅仅因为性别原因就对某一性别加诸不公平的负担——这一点使其不足以成为仁爱和亲情原则的标准。在家庭范围内，慈爱和亲情能够也理应超出公平或者机会均等原则，却不能与之相背离。在一个充满慈爱和亲情的地方，一个人也就无需讲求公平和机会均等了。或者更确切地说，在表达对其他人的慈爱和亲情的时候，这些价值观都是题中应有之义。那就是说，在家庭中适当的慈爱和亲情就不会拒绝女性要求机会均等。

由此，我们就会得出这样一个结论，如果罗尔斯的康德的正义观点想要在家庭中间运用得当，就要求有某些特定的家庭结构，以确保两性之间机会均等。遗憾的是，罗尔斯及其观点的大部分追随者们都没有能够得出这一结论。这表明，他的理论在实际应用方面还是偏重于男性。

然而，功利主义——亚里士多德的正义观的当代支持者们在这一方面的表现也不令人满意。在他们的理论实践方面，除了极少数例外，他们也没能意识到，他们的理论也需要某些特定的、确保两性之间机会均等的家庭结构。因此，虽然他们的正义论在理论上对女性的利益给予了充分考量，功利主义者和亚里士多德主义者们在实际应用中的规范方面，还是偏重于男性。尽管这一失误是在实践而非在理论层面，但糟糕的是，在实践层面的失误却流传甚广。

因为社会中男女之间的不平等广泛存在，也因为伦理学史上的诸位巨擘，比如亚里士多德和康德，都将这一不平等看作是天然的和正当的，这一问题就显得尤为严重。因此，当代道德哲学家在阐明正义理论时没能重视及谴责两性之间的这一不平等，说明了他们没能充分考量女性的利益，因而对女性充满了歧视。

传统理想中道德高尚之人在实践中的不足

除了正义理论在实践中的不足之处之外，传统伦理学在描述其理想中的道德高尚之人时，也没有能将女性的利益考虑进去。

举例来说，在被约翰·罗尔斯进一步发展了的康德伦理学中，道德高尚的人指的是那种行事合乎规则的人，而这一规则也正是人们在虚拟的"无知之幕"之后所一致同意的。这些规则描述了在社会中基本自由、机会和经济商品的适当分配，以及有关这些社会商品的权利和义务。诚然，一个道德高尚的人势必会超出这些原则，而持有一种特定的、综合概念。但是在罗尔斯看来，他们的共同之处在于，他们都会遵守自己在"原初状态"下将会选择的规则。

在功利主义伦理学中，一个道德高尚的人，其行为能够实现净效用最大化，或者在其感召下周围人的满意度能达到峰值，但是并不逾越一个扩展了的"应该"蕴涵"能够"原则。正常说来，为了保证实现个人净效用最大化，个体需要遵守一些规则和惯例。如若试着直接做出判断，断定我们每项行为中的哪项能够实现最大的净效用，就不需要我们竭尽全力进行更多的反思，并且还有可能会适得其反。因此，在功利主义伦理学看来，那些能够遵从社会中的最佳原则和惯例以实现效用最大化的人，以及在这些原则和惯例发生冲突时，只是试图去直接计算有效选择的效用的人，就是道德高尚的人。

在亚里士多德伦理学观点中，如果对个人福祉理解正确的话，一个道德高尚的人则是在大多数情况下能够增进其个人福祉的人。对亚里士多德主义者来说，如果理解正确的话，一个人的福祉将被进一步阐述为与一系列的个人品德相关，其中最重要的是谨慎、正义、勇气和节制，而一般情况下这些美德所要求的是取决于其所处社会中的最佳道德实践。

现在，鉴于康德伦理学、功利主义伦理学和亚里士多德伦理学在阐述其理想中的道德高尚的人方面有所区别，从女性主义伦理学的角度来说，它们普遍存在的问题是，在描述理想人物时过于抽象和笼统，而忽视了我们是否应该顺应男性和女性被社会化了的、独特的性别角色。这样一来，如果我们对社会中的男性和女性带有思维定式，我们仍然能想出两性之间一系列的不同特质，如表8—1所示。

表8—1　　　　　　　　　　两性之间的不同特质

男性	女性
处于支配地位	*处于从属地位、谦逊*
独立	从属
好胜	乐意合作
有攻击性、独断	居家、有同情心
不易动感情、坚忍、超脱	情绪化
积极、暴力	*消极、不使用暴力*
不在意外表	*在意外表（虚荣）*
有决断	*优柔寡断*
被视为主体	被视为客体（美貌或者性感）
马虎	细腻
性欲旺盛	*荡妇或者修女*
通情达理、理性、逻辑清晰	凭直觉、不合逻辑
保护性	需要保护
感觉迟钝	敏感

如果我们假设斜体字部分都是些明显不好的特质，那么除了社会上达成共识的男性和女性的典型不同特质之外，我们在女性的列表中能够看到的不受欢迎的特点比男性更多。

我们应该如何来看待这份列表？确实它们反映了我们这个社会男孩和女孩、男性和女性社会化之后的性别角色和特质。在过去，一般认为与男性相关的、理想的性别特征就是心理健康。最近，这些相同的特质又被用来形容那些成功的企业高管。

这样一来，这些独特的性别角色和特质就显得重男轻女。然而，传统伦理学因其对理想中的道德高尚人物的相对抽象的描述而无法回答这一问题，即我们是否应该顺应这些独特的性别角色，从而一时疏忽之下，为这些独特的性别角色和特质表达隐秘的认同。这就导致了传统意义上的道德高尚的人，因其歧视女性，因而在实践中有所不足。

传统伦理学也不是没有资源来处理社会中的性别角色这一问题。如果我们想要对女性的利益给予充分考虑，那么我们在社会中是否应该坚持独特的性别角色和特质这一问题的一个适当答案就很明晰了。也就是说，我们需要寻找那些在社会上随处可见的、男女两性身上皆有的真正理想特质，以将这些独特的性别角色取而代之。更确切地说，我们需要强调的是，有关这些在社会中随处可见的真正理想特质，必须在男性和女性身上皆可实现，或者从美德层面来说，在所有其他因素相同的情况下，被同样有所期待。

为了区别作为美德的性格特征和可取的性格特征之间的不同，让我们定义一下道德的类别，这些道德可以被合理地期待为男性和女性同样力所能及的。诚然，"美德"一词在此有所限制。通常情况下，"美德"几乎就是"理想特质"的同义词。但是我们有充分的理由关注这些性格特征，可以将其灌输给男性和女性，现在为了我们的目的，姑且让我们只看一下作为美德的那些性格特征。

具备了这些特征，这一理想人物既不是对所谓女性美德的反抗，也不是对所谓的男性美德和特质的过誉。这一理想人物并没有将女性解放仅仅视作女性从传统角色的藩篱中突围，这使得她们可以以之前仅为男性所独享的方式发展。这一理想人物也并没有将女性解放仅仅视为对所谓的女性活动的重新评估和赞颂，比如料理家务、抚养孩子或者像关怀伦理所反映出的所谓的女性思维方式等。第一个观点无视或者贬低了那些一直被视为女性传统美德的、那些可取的性格特征；而第二个观点忽略或者说贬低了那些一直被视为男性传统美德的、那些可取的性格特征。二者相比，这一理想人物需要一个扩大了范围的代表，能够将被视为女性传统美德和男性传统美德的品德和可取的性格特质糅合在一起。就这一点来说，我们可以将其称之为"雌雄同体"理想：一个男性和女性共同的理想。

"雌雄同体"理想应该作为一个道德高尚的理想人物的实际规范的一部分，不管这一理想人物是康德式的、功利主义的还是亚里士多德式的。它应该被看作所有人——那些在虚拟的"无知之幕"之后的人们，那些其行为能够使得周围所有相关者的净效用或者满意度达到最大化的人，那些追求自己的幸福被人正确理解的人们——都赞许的状态。因此，只有当传统伦理学在一个道德高尚的理想人物的实际规范层面上将这一"雌雄同体"的理想纳入考量范畴，它才能成功地避免在实际操作层面上对女性的歧视。

如果传统伦理学要证明自己也能为道德理想规范提供平等

的机会的话，将"雌雄同体"的理想视为必须囊括在对道德高尚人物的实际规范中，这一点也是很重要的。这也是为什么，为了满足现实中足够的正义概念所要求的公平的家庭结构，我们之前就适用的平等机会的道德理想人物——它，排除了那些基于性别分工的家庭结构的可行性。这也就是为什么我们所讨论的那些可以在家庭中和社会上为两性创造平等机会的各种方法，比如平分家务、共同抚育子女、父母带薪休假、儿童看护补助以及禁止针对儿童的有性别歧视的广告等，都是帮助实现"雌雄同体"的理想的方式。此处，一个"雌雄同体"的社会和一个两性平等的社会是合二为一的。

结束语

近来，卡罗尔·吉利根的作品对传统伦理学对女性的偏见提出了质疑。在本章中，一直有争议说传统伦理学的偏见主要表现在其正义理论和道德高尚理想人物在实操中的不足方面。还有人进一步争论到，传统伦理学可以通过运用正义论和道德高尚的理想人物来决定公平的家庭结构并且实现"雌雄同体"的理想，以克服这一偏见。如果传统伦理学想要应对女性主义的质疑，并且对女性视角给予足够考量的话，这就是它需要做的。

第九章

多元文化主义的质疑

传统伦理学观点常对非西方文明失之考量，在标准方面尤甚；这也是其为多元文化主义者所诟病之处，认为传统伦理学是偏重西方文化的。

在本章中，我们将要考虑如下三个方面：首先，非西方道德理想能够在很大程度上帮助我们对西方道德理想人物本身作出纠正和解读；其次，非西方文明可以帮助我们认识到来自西方文明的道德理想人物的重要责任，而在此之前被我们忽略了，或者说并没有完全意识到；最后，非西方文明，尤其是在跨文化方面，能够帮助我们了解如何将我们自身的道德理想发扬光大。

传统伦理学观点常对非西方文明失之考量，在标准方面尤甚；这也是其为多元文化主义者所诟病之处，认为传统伦理学是偏重西方文化的。多元文化主义对于传统伦理学的挑战，可以追溯到一场多元文化对传统教育经典的质疑，后者在 20 世纪 80 年代末到 90 年代初的美国，激起了一场全国性的大讨论。这一全国辩论的焦点集中在斯坦福大学修订后的西方文明课程上。修订后的教纲中依然保留了必读的欧洲经典，但同时也引入了美国拉美裔作家、美国印第安作家和美国非裔作家的作品。但是即使这一细微的改变也在学术界激起了轩然大波，饱受质疑。例如，时任教育部长威廉·贝内特（William Bennett）访问了斯坦福大学，批评了这一课程革新。在乔治·威尔（George Will）全国性的专栏里，针对这一事件作此评述："要承认这一事实：美国首先是西方文明的产物，从根本上来说也是善的，因为它借以产生的文明是善的"。威廉·巴克利（William Buckley）则声称："自荷马以来，直至 19 世纪，非欧洲文明没有产生过任何辉煌巨著"。索尔·贝娄（Saul Bellow）也赞成这一观点，他指出："在祖鲁人之中如果也能诞生一位托尔斯泰的话，我们也会阅读他的作品。"这些反对重启非西方文明的经典教育的观点，实在令人错愕，因为不难发现，在斯坦福大学、加州大学伯克利分校和加州大学洛杉矶分校的本科在校生中，有超过 50% 的学生是有色人种，且这一比例在全美大学生中超过了 30%。更令人讶异的是，如果这一趋势持续发展下去，到了 2042 年，少数民族将几乎占美国总人口的 50%。

现在，多元文化对于传统伦理学的质疑同它对教育经典之间的质疑有所类似。它最重要的主张是，如果西方道德理想是合情合理、无可辩驳的，那么它们必然就能经住同其他道德理想之间的权衡比较，包括非西方文化的道德理想。因此它声称，非西方文化的道德理想需要在教育经典中得到一个充分的展示，这是一个不争的事实。

然而这可能会遭到反对，声称我们的道德理想不是相对的，而是基于我们每个人的理性所要求的。此外，在第三章末尾提到的论点一直试图做到这点，意图证明道德是由理性所要求的。然而，即便这一假设是可行的，也仍然需要对道德理想之间进行对比分析。即使这一论点是可行的，也只能证明较之于利己主义或者是纯粹的利他主义，道德在理性上是更为可取，却无法证明哪种形式的道德是更为可取的。为了做到这一点，我们仍需要对这些道德理想之间加以对比，为了避免有失偏颇，在对比分析之时，除了西方文化之外，也要将非西方文化纳入考量范围。

遗憾的是，总体来说，传统伦理学忽略了这一点，只是局限在西方道德理想的范围内，主要就功利主义伦理学、康德伦理学和亚里士多德伦理学（第四章到第六章所讨论的内容）进行了对比。这样一来，传统伦理学也意识到非西方道德理想存在偏见，因此也没有能够为自己的道德理想提供一个足够的解释和理由。

然而，或许有人会质疑，在第二章中，我们摒弃了道德相对主义的观点，这就使得我们在决定哪种道德理想更为合理之时，无需再对其他文化中的道德理想进行检视，不管是西方的还是非西方的。但是多元文化质疑与为我们所摒弃的道德相对主义的质疑大相径庭，它并不认为道德同文化有关。相反，它主张在我们审视什么是最站得住脚的道德理想之时，作为他山之石，非西方文化或许能够为我们提供重要的参照。如果我们对此失察，那么在达到理想目标的道路上，就会错失良机。

设想一个例子：莎拉是一位土木工程师，她的专业是建造桥梁。假设莎拉有一个机会能够去其他国家学习建造桥梁，而该国文化同莎拉自己的祖国文化迥异。在其他条件相同的情况下，难道她不会跃跃欲试吗？或许她能学到一些崭新的桥梁建筑工艺，从而切实地提升她所在国家的桥梁建筑水平，也未可知啊。同样，我们也需要审视一下非西方文明，看看它能否帮助我们决定哪种道德理想才是最无可辩驳的。只有同非西方文明作此对比分析之后，传统伦理学才能避免遭到来自多元文化主义有关歧视其他文化的质疑。

此处还有一个同样重要的问题，即以何种方式将西方文化同非西方文化进行对比分析。我们所追寻的伦理学，应该为施行某种伦理规范的受众提供其可堪接受的充分理由。这是因为，并不能强迫人们遵循一种他们所不熟悉的伦理规范，并且他们不能想当然地认为，他们应该遵循这些伦理规范。因此，对于一个能够为施行其规范提供正当理由的伦理学理论来说，就必须为施行某种伦理规范的受众提供其可堪接受的充分理由。因此，我们在寻找一种游离于宗教之外的伦理规范，并为所遵循这一规范的人们提供充分理由使其堪受。正因如此，它是一种能够为实施这一要求提供充足理由的规范。

这就要求我们对西方和非西方的道德理想进行大量的对比分析。这也正说明了传统伦理学没能将非西方道德理想纳入自己体系范围是非常失之考量的。这就对我们这个时代提出一个在道德上站得住脚的伦理学的可能性提出了挑战，这也是我们要竭尽全力来应对对于传统伦理学的这一质疑的原因所在。

在打造我们这个时代无可辩驳的伦理学理论方面，非西方文明确实有颇多方面可供借鉴。在本章中，我们将要考虑如下三个方面：首先，非西方道德理想能够在很大程度上帮助我们对西方道德理想人物本身作出纠正和解读；其次，非西方文明可以帮助我们认识到来自西方文明的道德理想人物的重要责任，而在此之前被我们忽略了，或者说并没有完全意识到；最后，非西方文明，尤其是在跨文化方面，能够帮助我们了解如何将我们自身的道德理想发扬光大。

对西方传统伦理学的修正和解读

传统伦理学曾经将关注的焦点集中在功利主义伦理学、康德伦理学和亚里士多德伦理学的观点之争上面。然而，不管这些争论是如何解决的，仍然可能是传统伦理学不够严谨，从而不足以面对这一问题，即至少在一些非西方文明的道德视角方面，哪个伦理学理论才是有价值的？此处美洲印第安文明可能会有所助益。

美洲印第安文明

传统理论学只是假设只有人类才拥有道德身份，或者有道德价值。相比而言，美洲印第安部落认为动物、植物和各种各样的其他自然界的事物都拥有道德身份，因此要求我们要对其示以尊重。他们所要求的尊重形式，可以通过下面一位苏族印第安人长者告诫他的儿子如何在森林中捕猎四足野兽可知：

在向你的四足兄弟开枪时，射它们身体的后半部分，使其放慢奔跑速度，但不会要它的性命。然后，握着它的脑袋，看着它的眼睛：它所遭受的所有痛苦都会在眼中流露出来。然后，握着你的刀，割开它的喉咙，这里，在脖子这里，加速它的死亡。在你这样做的时候，要询问一下你的兄弟——这位四足兄弟，请求它的原谅。同时还要向它——你的四足亲人，致以你的谢意，谢谢它在你需要食物和衣服的时候，将自己的身体奉献给你。同时向它保证，在你去世之后，会让自己的身体回归大地，化作泥土的养分，滋养花朵姊妹，滋养鹿族兄弟。正如这些四足兄弟将生命奉献给你，使你得以延续生命一样，在适当的时候，你也将这一祝福给予给你的四足兄弟，以你的身体，以这种方式作出回报。

一个夏安族人"木腿"也有过相似论述：

印第安人的古老观念是，将在土地上生长的东西从泥土中连根拔出是错误的。你可以将其切割，但是不应将其连根拔除。树木和青草都是有灵魂的。不管什么时候，一些善良的印第安人对植物进行收割，他们都是满怀悲伤，并且祈祷上苍能够原谅自己的行为，因为自己是受生活所迫……

此外，美洲印第安人对非人类的自然生物的尊重，是基于与其他生命体之间的身份认同。在苏族首领卢瑟·史丹德·贝尔（Luther Standing Bear）看来：

我们就是土地，土地就是我们。我们深爱着与我们在同一片土地上生活着的鸟儿和野兽。它们同我们一样，喝同样的水，呼吸同样的空气。我们同自然是一体的。在这一信念之下，对所有活着的东西，我们的心中涌动着无限的和平和蓬勃的善意。

乔治·瓦拉德兹（Jorge Valadez）也指出，对于生活在中美洲的玛雅人来说，自然界并非是人类为了某种目的而可以利用和掌控的某种事物。玛雅人并不会认为自己是和大自然对立的某种存在，反而认为自己是大自然的一部分。可以说，比起我们这些生活在西方文明中的人当下所做的，正是因为对非人类大自然的这种敬意，才使得生活在非西方文明中的人与他们周围的自然环境相处更为和谐。

那么，我们西方文明是否可以从这些非西方文明中有所借鉴？至少，对这些文明的鉴别使我们得以思考：我们为了自己的利益不加约束地损害非人类自然界的利益，是否有合法的依据？在西方文明中，人们通常认为自己同非人类自然界截然不同，且优于其他生物，因此认为自己有权凌驾于自然界其他生物之上。为了给这一视角找到正当理由，在西方文明中人们通常会诉诸《创世纪》中上帝造人的故事，上帝告诉世人：

> 要多子多孙，大量繁衍后代，遍布这个地球，并征服它。要统治海中游鱼、空中飞鸟以及地上各种爬虫走兽。

对这一指令的解读之一就是，人类被要求或者被准许去统治非人类自然界，即我们可以为了任何目的去利用动物和植物，根本一丝一毫都不必顾忌动植物的利益。然而，对统治的另一个解读就是，将其理解为对非人类自然界的一种富有同情心的管理工作，在我们追求自己目的的同时，对动植物的利用设置一个底线，因此使得其他生命体也可以蓬勃发展，繁荣兴旺。

很显然，第二种解读与我们所发现的美洲印第安人视角和其他非西方文明视角更为契合。然而在西方文明中，第一种解读更为人广泛接受。鉴于对《创世纪》的故事中的这两种互相冲突的解读，很明显诉诸《圣经》也不能为人类如何对待非人类自然界提供一个果决的判断。因此，我们需要做出判断，有没有一个单独的原因，可以为我们人类认为自己凌驾于其他生物之上，并且统治它们提供一个压倒性的正当理由。在第八章中，在这一基础上，我们探讨和争论了这一问题。如果这一论点是正确的，那么生活在西方文明之下的我们可以从美洲印第安文明中学到重要的一课：非人类物种的内在价值会对我们追逐自己的利益时加以重要限制，这一限制就排除了我们对于非人类自然界的统治和管控。

儒家文化

传统伦理学的一个核心问题就是，如何让人对某个特殊的群体产生强烈的认同感，比如家庭、社区或者国家，由此他们就能自觉自愿地为了这些群体去谋求福利；与此同时，又能对他们所隶属的这个群体进行认真反思，以便在谋求利益的过程中，不会对其自身以及群体其他成员的利益造成损害。为了完成这一使命，我们大量阅读和参考了中国哲学家孔子的著作。

孔夫子，或者称孔子，生活在公元前 551 年—公元前 479 年，大约早于柏拉图 150 年左右。直到 16 世纪末，耶稣会传教士将他的思想传回西方，孔子的思想才开始在西方世界为人所知。这些传教士的本意是为了说服当时的中国统治者改变信仰，因而浸淫了大量的儒家文献，并为他们所阅读的内容深深折服。

很快，阅读报告就传回西方。莱布尼茨（Leibniz）写到，在实践哲学方面，这个中国人较之欧洲人更胜一筹，并且建议中国将传教士派到欧洲来。伏尔泰声称，在德行方面，欧洲人"应该成为这个中国人的信徒。"克里斯蒂安·沃尔夫（Christian

Wolff）说道："就治国之道而言，这个国家已经毫无例外地超越了所有国家。"孔子成为了启蒙运动的守护神，从而为人所熟知。《论语》是记载孔子言行的一本文集，很可能是由其弟子编撰的。

作为一个老师，孔子无疑是特别成功的。在《论语》中所提及的 22 位弟子中，9 位成为了政府高官，还有十分之一的人拒绝了高官厚禄，推辞不就。此外，他的影响极其深远。2 500年来，他是所有中国人的"大成至圣先师"，甚至时至今日，又成为一门显学。

如果我们从孔子那里寻求帮助，探求如何让人们对某个特殊群体产生强烈的认同感，并且同时又能对自身所属的这一群体给予反思，我们就能发现两个核心问题："仁"和"礼"。通常情况下，"仁"指的是一种最高境界的道德理想，包含了这样一些道德品质，比如关心他人的福祉、孝道、尊老以及忍受逆境的能力等。"礼"的本意指的是祭祀神灵和祖先时候的礼节，但是最终演化为指导人际交往的一种传统和习惯法则和规范。在《论语》中的很多地方，孔子都提到了"仁"和"礼"之间的紧密关联。在《论语·颜渊篇第十二》中，孔子指出，"克己复礼为仁。"在第一章第二节中，孔子把孝悌视作培养仁义的基本出发点，在书中另一处，他将孝悌用守"礼"加以解释。

这些篇章段落可能会使我们认为，孔子是一位极为因循守旧的传统主义者，因为他赞同对传统习俗规范不加批判地遵从。

但是从孔子其他地方的言论看来，很显然他又认为"仁"有重要的功能，与"礼"有关。例如，在《子罕篇第九》中：

子曰："麻冕，礼也；今也纯，俭，吾从众。拜下，礼也；今拜乎上，泰也。虽违众，吾从下。"

孔子说："用麻布制成的礼帽，符合于礼的规定。现在大家都用黑丝绸制作，这样比过去节省了，我赞成大家的做法。（臣见国君）首先要在堂下跪拜，这也是符合于礼的。现在大家都到堂上跪拜，这是骄纵的表现。虽然与大家的做法不一样，我还是主张先在堂下拜。"

在这段话中，孔子清晰地点出了在当下通用的做法和旧的规则之间的冲突，在一种情形下，他支持革新，然而在另一种情况中，他支持守旧；至于作何选择，取决于其是否合乎礼法规范。

但是我们从何得知何时遵从习惯做法，何时摒弃它们呢？有些时候，很难做出抉择。在《论语·子路》中，叶公告诉孔子说："吾党有直躬者，其父攘羊，而子证之。"孔子回答他说："吾党之直者异于是，父为子隐，子为父隐，直在其中矣。"很显然，一个人为亲属隐瞒过错行为需要有个底线。对大卫·卡辛斯基（David Kaczynski）来说，举报他的哥哥"炸弹怪客"却是非常正义之举——后者在长达 17 年的时间里，将 16 颗炸弹埋在美国的各个不同的地点，造成了 3 人死亡，29 人受伤。

再试想一下其他例子。汤亭亭在她的小说《女勇士》一书中，重述了一个传统的中国民间歌谣，讲述了一名年轻女子，在她老迈的父亲被征入伍时，选择替父应征入伍的故事。女勇士彰显了"完美孝道"，但她在俗世所取得的成就却不被家庭和社会所承认——在书中，汤亭亭将两者并置，一起展现给读者。她强调这样一个事实，面对家庭或社会的压力，女性要取得成功何其艰难。这些例子表明，我们要做出何时遵从规范，何时摒弃陋俗的决定，并非一件易事。很显然，这在很大程度上有赖于我们所生活的历史环境给我们提供了何种不同的、可供选择的选项。毕竟，"应该"并不意味着"能够"，所以在道德上并不能要求我们去做那些不合理的期望我们做的事情。然而，孔子伦理学的这一段对话告诉世人，有时我们需要摒弃常见的习惯做法，并且有时这么做，正是出于对传统价值观点自身的尊重。

传统伦理学的新任务

在美国印第安人活动家伍尔德·丘吉尔（Ward Churchill）所著的《惊俗骇世的正义：一个美洲土著印第安人对于美国在北美洲开拓殖民地的权利学说的审视》（*Perversions of Justice: A Native-American Examination of the Doctrine of U.S. Rights to Occupancy in North America*）一书中，他辩称，不管是现在还是过去，美国宣称自己在美洲大陆上所拥有主权的领土中，至少一半都从没有拥有过合法的侵占权利。当然，这在美国并不是一种主流的观点，这种观点也不会出现在由得克萨斯和加利福尼亚的保守的州董事会所批准的教科书中。之所以由它们批准，是因为这两个州的市场太过庞大，它们就为美国出版商出版教材设立了标准。然而，如果传统伦理学想要规避对于非西方道德理想的歧视和偏见，它就不得不接受丘吉尔的美国印第安人的观点，为了完成我们今天对于美国印第安人的重新审视，就要探究该观点背后的隐含之意，如果有的话。要做到这一点，我们需要再研究一下那些来到新世界的欧洲人在征服印第安人期间的所作所为。

根据最近的估计，在哥伦布来到美洲之前，在北美和南美的印第安人大约有 1 亿人，其中有 1 500 万人生活在格兰德河北面。比较一下我们可以看到，当时欧洲的人口大约是 7 000 万，俄国的人口是 1 800 万，非洲的人口是 7 200 万。

在 16 世纪末，学者们估计大约有 20 万西班牙人来到西印度群岛、墨西哥和中南美洲。学者们还估计，在那个时候，大约有 6 000 万到 8 000 万的原住民的死亡，除生病的原因外，西班牙人对他们的非人待遇也难辞其咎。

居住在格兰德河北面的印第安人日渐稀少，当时是英国殖民者占据多数，后来美国人也加入进来，如果说他们之间有什么区别的话，那就是他们对待印第安人的态度比西班牙人更为严苛。英国人，包括后来的美国人，他们所觊觎的是土地——正是印第安人赖以生存的那片土地。正如一位在詹姆斯敦的定居者爱德华·沃特豪斯（Edward Waterhouse）所描写的那样：

我们将享受他们开垦和耕种的土地……他们所居住的所有村庄中清理过的土地（都坐落在最肥沃的地方），都将由我们来居住。

更确切地说，殖民者的目的就是要么将印第安人迁徙到西部贫瘠地区，要么将其灭绝。

这一目的得到了来自美国高层的明确支持。1779 年，乔治·华盛顿命令约翰·沙利文（John Sullivan）少将袭击易洛魁人："踏平这块殖民地，夷为平地……不仅仅是要占领这片土地，还将其损毁，"敦促沙利文将军"在所有印第安人居住地被有效摧毁前"，不要听取"任何和平的建议。"华盛顿将幸存的印第安人戏称为"小城摧毁者"，在他的直接命令下，坐落在从伊利湖到莫霍克河湖畔的 30 个塞内卡人的城镇中有 28 个被摧毁，莫霍克部落、奥内达加人和喀于卡人的所有城镇和村庄，统统都被踏为废墟。1792 年，一位幸存下来的易洛魁人当面告诉华盛顿：

直到今天，一听到这个名字，妇女们都会脸色苍白，惊慌失措地往身后瞧，孩子们都会紧紧地搂住自己妈妈的脖子。

华盛顿的继任者亚当斯、门罗和杰斐逊总统也延续了迁徙或者灭绝运动的政策。举例来说，1807 年，杰斐逊指示国务卿："任何抗拒美国领土扩张的印第安人都要被'砍杀'。并且如果有部落阻挠我们的战争，"他写到，"那么直到该部落灭绝，或者被驱逐到密西西比河以西，否则我们绝不放下武器。"

他又进一步写到："在战争中，他们或许会杀掉我们的部分士兵，我们却是要摧毁他们整个部落。"

1828 年，那个写下"整个切罗基族人都应该被鞭打"的安德鲁·杰克逊（Andrew Jackson），被选为美国总统。他支持佐治亚州侵占切罗基族的一大片土地。美国最高法院判定杰克逊和佐治亚州政府败诉，随后杰克逊起草了一份条约，让切罗基将土地割让给美国政府，交换条件是从经济上给予资助和印第安人在俄克拉何马州的部分领土。鉴于切罗基族最有影响力的领导者被投入监狱，他们部落的出版社也被政府关停，因此该条约只是同一些"肯合作的"切罗基人进行了协商。然而，即便是那些对迁徙的部落成员进行登记的军队官员，也对条约表达了愤懑之情：

这压根就不是什么协议。因为它没有得到大多数切罗基人的认可，他们也没有参与制定或者表示赞同。我向你郑重声明，在牵涉到的切罗基人中，将有90%的人会立刻拒绝。

这一条约签署之后，切罗基部落的成员就被迫开始在陆上进行长途跋涉，迁徙到印第安人的领地。这一路上充满了风险，沿途一些地区正值霍乱和其他传染病肆虐。因此，这次迁徙被印第安人称为"血泪之路"，开始时有 17 000 人，最后只有 9 000 人到达俄克拉何马州。

事实上，西方世界更倾向于对印第安人采取灭绝政策，而不是迁徙政策。举例来说，1864 年，一个叫约翰·契文顿（John

Chivington）的上校率领 700 名武装人员，在科罗拉多地区沙溪河畔进行了一场大屠杀，其中大部分是妇女和儿童。早前他就宣称，他要让他的部队"无论大小，都杀光并剥掉他们的头皮"，并将这称为"傻瓜捉虱子"。在 1867 年，科曼切人的首领图萨维（Tosawi）在向菲利普・亨利・谢里登（Philip Henry Sheridan）将军介绍自己时，自称"图萨维是一个好印第安人"，后者回应了以后被广为引用的一句话："只有死了的印第安人，才是好印第安人。"

毫无疑问，很多人都持有和契文顿及谢里登一样的观点。比方说，奥利维耶・温德尔・霍姆斯（Oliver Wendel Holmes）声称，印第安人只不过"一半算人类"，"对白人种族来说，灭绝才是解决问题的必要手段"。同样，威廉・迪恩・豪威尔斯（William Dearn Howells）洋溢着"爱国者的自豪感"，主张"将大陆上的红色的野蛮人消灭掉"。西奥多・罗斯福（Theodore Roosevelt）声称，对美洲印第安人的灭绝和对他们领土的征用，"是不可避免的进程，最终也是有益的"。在得克萨斯，直到 1870 年，对于剥下印第安人头皮的，官方都会提供补贴。

在 1890 年，美国政府宣称这一征服的过程，即"美国与印第安人的战争"正式结束了。那个时候，官方确认在美国本土，只有 248 253 名印第安人存活了下来，另外还有 122 585 人生活在加拿大。这个数字同哥伦布"发现"美洲之前的人数相比，下降了 98%。

在欧洲征服美洲的最后阶段，美洲印第安人的儿童在很小的年纪就被从父母身边带走，被送到寄宿学校，以"白人"的方式教养他们。正如这些寄宿学校中的某位校长所说，这样做的目的就是"杀死印第安人……拯救人类"。1887 年，超过14 000 名儿童在寄宿学校就读。在这些学生最终返回他们的印第安人的保留地时，他们基本上就成为了陌生人，不会说母语，也不理解自己同胞的生活方式。

这些暴行最终也没有得到补偿——没有为美洲印第安人提供良好的发展机会，使其能够成为体面的社会成员。现在，美国印第安人保留地的贫困率是平均值的 4 倍，在某些保留地，南达科他州的松树岭保留地和亚利桑那州的图霍诺·奥哈姆保留地（超过 60% 的家庭没有供水设施，而这种家庭在美国只有 2%），贫困率几乎是美国的 5 倍。虽说在一些靠近人口密集地区的印第安人保留地，他们可以通过经营赌场来改善生活条件，但是在松树岭保留地，人们的平均寿命是 50 岁，而美国人的平均寿命则为 77.5 岁。在松树岭保留地，青少年的自杀率是美国同龄人平均值的 4 倍，婴儿死亡率是全国平均值的 5 倍。如今印第安保留地中的很多人仍然生活在贫困当中，疾病肆意蔓延，这一点和第三世界的情形极为相似。今天的美洲印第安人不只是被社会边缘化，而且还受到了来自社会和经济上的极不公平的待遇。

如果我们把对美洲印第安人的征服过程同第二次世界大战中纳粹对犹太人的大屠杀作个比较的话，两者有两点不同：首先，死亡人数更多。在欧洲征服北美洲和南美洲的过程中，大约有 7 400 万~9 400 万印第安人失去了生命，而犹太人在大屠杀中的死亡人数是 600 万；其次，就像犹太民族一样，很多印第安人的部落受到了灭绝的恫吓，但是有所不同的是，很多部落是真的被灭绝了。比方说，仅在得克萨斯一地，一度人口稠密的卡兰卡瓦、特哈斯和科阿韦拉等，现在已经都灭绝了。

在这两个人类文明的梦魇之间，还存在一个有意思的历史关联。对美洲印第安人的征服在时间上要早，但是随后受到了在西班牙发生的事件的影响。1492 年，哥伦布启航前往新世界；彼时，大约有 12 万~15 万犹太人也被从西班牙驱逐出境。在随后的旅行中，哥伦布还带了刚从战败的西班牙格拉纳达的摩尔人中俘获的全副武装的装甲步兵和骑兵。西班牙人意图征服这片新世界，但是他们的手段却是通过大屠杀、奴役和大肆消灭他们所接触到的印第安部落。

然而在随后的时间里，在 20 世纪，欧洲人对待美洲印第安人的态度，被纳粹领导人用来作为对犹太人进行大屠杀的借口。希特勒说道：

不管是西班牙还是英国，都不足以成为德国扩张的表率；但是北美的日耳曼人，已经无情地把劣等种族推到一旁，为自己赢得了未来的土地和领土。

同样，海因里希·希姆莱（Heinrich Himmler）也曾向一位密友吐露，他知道"最后解决"方案必将意味着犹太人要遭受诸多痛苦。但是他指出，印第安人只不过是想继续在自己的故土之上生活下去，所以美国人在早年间所做的灭绝印第安人的行径，是极为卑劣的。

那么，传统伦理学是如何看待这一被称为"美洲大屠杀"、对美洲印第安人的征服过程呢？这一历史事件对我们今天对美洲印第安人的义务又意味着什么？鉴于过去的种种不公，我们是否应该将相当一部分的土地交还给美洲印第安人？

这正是沃德·丘吉尔认为我们所应做的事情。他指出，在建国之初的 90 年间，美国提出和批准了同美洲印第安人部落的超过 370 个条约。当然，被批准的一些条约中，有的充满了欺诈，有的是用胁迫手段实施的。有时候，美国政府会指定他们"喜欢"的部落"首领"来代表部落进行谈判。至少在《怀斯堡条约》（*the Treaty of Fort Wise*）这一个案例中，美国代表团貌似伪造了夏安族人和阿拉巴霍人多位首领的签名。同时，另外还有大约 400 个条约并没有得到美国参议院的通过，从而不具有法律约束力，但是美国政府却据此声称自己对北美相当可观的领土拥有清晰的合法所有权。然而即使我们为了讨论方便而假设所有这些条约都是合法合理的——当然我们知道情形并非如此——根据联邦政府自己的研究发现，仍然没有任何法律根据——没有条约，没有协议，甚至连国会的任意法案都没有，拥有其 48 个州中的三分之二的面积的所有权，至于阿拉斯加到夏威夷，更是无稽之谈，法律根据欠奉。

丘吉尔指出，鉴于美国联邦政府和州政府仍然拥有美洲大陆 45%~47% 的领土，那么他们将其中的 30% 退还给美洲印第安人部落是可行的，从而可以将那些美国政府声称自己并没有清晰的合法所有权的领土还给印第安人，而不用迁移那些非印第安人居民。

丘吉尔继续提出了一个详细的执行方案。在参考了罗格斯大学的弗兰克和黛博拉·波普尔的著作之后，他指出在一个多世纪前，自从被从印第安人部落剥离之后，在大平原地区大约存在着 110 个国家，他们在财政上入不敷出。在这 14 万平方英里的土地上，稀疏地生活着大约 40 万非印第安人人口。如果联邦政府不给予他们持续的经济支援，这些国家就将难以为继。

波普尔的意见是，政府减少其永久性的损失，回购这些国家中的个人所持有的股份，将这些土地还给美洲印第安人部落，作为水牛城社区。在此基础上，丘吉尔又前进了一步，他指出大约有 100 个国家与"永恒赤字"国家毗邻而居，这些国家在经济上也被边缘化。他建议说，这些国家连同那些在怀俄明州的国家草原和黑山地区的国家森林和稀树草原都可以划给水牛城社区。他还建议，这一社区还可以西扩，把印第安人的保留地以及其他一些人烟稀少、经济状况不佳的地区也囊括进来，直至大致可以涵盖美国陆地 1/3 的领土。这样就可以看作是一个某种形式上的"北美土著国家联盟"。

那么，我们应该如何看待丘吉尔关于归还印第安人土地的这一计划呢？如果传统伦理学能够充分思考征服美洲印第安人的过程的话，难道它不会觉得将土地还给印第安人是一种责任吗？如果不这样要求的话，又该作何要求？耗费不菲的财力和资源来帮助印第安人脱贫？给予印第安人更大的权限开办赌场？或者更多的免税企业？不管对于传统伦理学来说，充分考虑美洲印第安人的利益诉求需要有什么具体要求，很肯定的一点是，必须要包括认识到我们对他们负有不可推卸的责任和义务——而这一点，也是我们过去失之考虑，或者说考虑不够周全的地方。

在跨文化背景中应用传统伦理学

然而，即便传统伦理学不需要用非西方理想来进行更正和解读，或者也无需借助非西方文化的知识来认识我们自身的重要责任，而这些是我们之前没有意识到或者认识不够充分的。在对传统伦理学加以应用的时候，如果对相关的地方文明或者文化失之考察，就会导致灾难性的后果：在这方面最广为人知的就是美国在越南战争中的例子。

美国卷入越南事件的起因是在二战末期支持法国意欲将越南重新占据为殖民地。遗憾的是，美国人之所以做出这一决定，是因为他们对越南的历史和文化，或者说是对胡志明及其领导的越盟了解甚少。比如说，富兰克林·德拉诺·罗斯福曾经评述到，越南民族是一个"身材矮小、不好战"的民族。他和其他美国领导人没有意识到，越南人同中国人和蒙古人的斗争持续了上千年，并且打败了彪悍的成吉思汗；他们也没有意识到，早在毛泽东之前，越南的将领们就开创了游击战争的先河。

越南军事教学强调，一个再强大的军队也能够被持久战拖垮：打了就跑的战术、阻滞战斗、伏击战、游击队的骚扰等高度机动游击战术都纷纷出现。最后，当敌人失去斗志、精疲力竭之时，越南军队就会发动突然进攻。

1945 年 8 月 15 日，日本裕仁天皇通过"东京广播电台"宣布日本投降；就在同一天，在云南昆明，越盟（越南独立同盟会）领导人胡志明的特使，通过美国战略情报局驻昆明站向杜鲁门总统递交信息，询问在越南取得完全独立之前，"作为民主的冠军的美国"，是否要使越南成为其保护国，"就像菲律宾一样，没有固定的时间期限"？他没有接到任何回应。两周后，在河内的巴亭广场，当着 50 万民众的面，在乐队演奏《星条旗》的伴奏下，胡志明宣布越南民主共和国成立，美国战略情报局领导人也出席了该仪式。胡志明的宣言仿照了美国的《独立宣言》那些著名的短语和政治理想，内容如下：

一切人生来就是平等的。他们应享有天赋的不可侵犯的权利，这就是：生存、自由和追求幸福的权利……这是谁也不能否认的真理。

可是，八十多年来，法国殖民主义者却利用"自由"、"平等"、"博爱"的旗帜来侵略我们的国家，压迫我们的同胞，他们的行为完全违反了人道和正义。

在政治方面，他们绝对不让我们享有任何一点自由和民主。他们施行野蛮的法律……他们建立的监狱比学校还多。他们无情地杀戮我们的爱国同胞，他们把我们的每次革命起义浸浴在血海中。

我们相信，在德黑兰会议和旧金山会议中已经公认民族平等原则的同盟国，决不会不承认越南民族的独立权利的。

这个民族应该获得自由，这个民族应该获得独立！而且事实上已经成了一个自由和独立的国家。

越南政府在河内建立之后的 18 个月中，胡志明给杜鲁门总统及其第一国务卿詹姆斯·伯恩斯总共发了 11 份电报和申诉信，但是所有这些讯息没有一封得到确认。胡志明还向英国首相克莱门特·艾德礼和苏联的约瑟夫·斯大林发送了同样的请求援救的信件：同样也是泥牛入海无消息。然后，在 1945 年，胡志明和越盟在没有得到外界任何援助的情况下，开始自行抗击法国。直到 1949 年年末，中华人民共和国成立，中国开始对越南施以援手。直到 20 世纪 50 年代，苏联才开始援助越盟。胡志明和越盟决定自行抗击法国的决心，足以向美国决策者们证明，他们绝不是任由他人摆布的棋子。他们应该认识到，作为长期进行斗争的越南民族主义者的一分子，胡志明和武元甲相信他们终将打败强大的侵略者，像他们的祖先千百年前所做的一样。遗憾的是，对越南的历史和文化背景知之甚少，加上对胡志明本人的性格及其领导的越盟失察，使得美国当局决策者制定了错误的公共政策，最终导致了灾难性的后果。这一错误的性质是原则性的。要制定正确的公共政策，传统伦理学就必须把当地的文化纳入考虑范畴。未来的美国政府领导人需要深刻地反省这次在越南的失败。

遗憾的是，事实并非如此，至少在 2003 年美国入侵伊拉克一事中看起来并非如此。很显然，在下令发动进攻前，乔治·W·布什及其政府成员并没有充分了解伊拉克的历史和文化。他们以为，他们可以轻而易举地推翻萨达姆·侯赛因，遣散伊拉克军队，解散在台上的阿拉伯复兴社会党，支持流亡政党领导人艾哈迈德·沙拉比上台。因此在推翻萨达姆政权三个月之后，就开始从伊拉克撤军。让布什和其政府成员出乎意料的是，逊尼派教徒和什叶派教徒之间爆发了种族和宗教暴力冲突；他们也没有想到是，随着萨达姆政权的倒台，会有大量伊斯兰极端分子涌入伊拉克。当然，首先正确地应用道德原则并不能为美国入侵伊拉克提供正当理由。然而，使得这一错误后果雪上加霜的是，布什政府对于伊拉克的历史和文化表现出的可悲无知，才使得他们意图将自己的意志凌驾于伊拉克人民之上。

结束语

在本章中，我们讨论了为了应对多元文化主义的挑战，就必须捍卫一个非宗教性质的、能够经得住西方和非西方道德理想多方评估的道德观点。同时还进一步指出，非西方文明至少有三种方式可以用来帮助改进伦理学：首先，非西方道德理想能够有助于显著改善我们的西方道德理想本身；第二，非西方文明能够帮我们意识到那些源于我们自身道德文明的重要责任，而这些是我们之前没有意识到或者认识得不够充分的；第三，非西方文明能够帮助我们了解怎么样才是运用道德理想最好的方式，尤其是在跨文化领域。就这几点而言，本章的这一论点，借助于几个必要的例子，借鉴了孔子的儒家伦理学、美洲印第安人文明和视角、越南的历史和文化、伊拉克历史和文明具体地来证明，传统伦理学应该如何应对多元文化主义的挑战。很明显，在这方面还有很多研究工作要做，这是我们为伦理学找到颠扑不破的真理的唯一方法。

结　语

伦理学不能像宗教，它必须是世俗的，因为只有世俗的理由才能被所有人所接受，而宗教因素主要只是被信奉该教的信徒所接受。

功利主义伦理学要求我们总是选择那些对所涉及的每个人都能达到最好结果的行为或者社会政策。

康德伦理学要求我们询问自己：如果现实中每个人都照此行事会怎样，以此来测试我们的行为，然后摒弃那些不太能够普适化的行为。

亚里士多德伦理学通过有德行的生活对道德规范进行详细阐释，同时又对为了下一步成为一个更有德行的人在个人发展的某个特定阶段应该做的事情，作了进一步阐述。

这本书的意义在于，当你在生活中需要做出道德选择的时候，它能够给予你帮助。现在，是时候由你来做出评判，这本书到底能够在多大程度上帮到你。思考一下本书为你提供的内容吧。

三个质疑

这本书一开始就提出了对于道德一切可能性的三个重要的质疑，为道德选择提供了所需的独立的知识来源。神命论者（道德仅仅是取决于上帝的命令）的观点和道德相对主义者（道德仅仅是取决于文化）的观点应该也有一席之地，但是我们发现它们均有所不足。这两种理论认为，人类天性的标准规范和我们所生活的环境能够提供一个独立的道德源泉；上帝和文化可以超出人类天性的标准规范和我们所生活的环境之外，但是它们不能与之相背离。比如说，折磨无辜的人取乐，上帝或者文化就不能认为这是一件道德的事情。

利己主义也对伦理学提出了一个重要的质疑。它不满足于简单地否认道德的独立地位，对道德规范的存在提出了质疑。利己主义声称，我们所能做的（心理利己主义）或者我们所应做的（伦理利己主义）仅仅是为了谋求我们的个人利益。然而，虽然它们也应该占据一席之地，但也有其不足之处。道德被证明是可能的（因此击败了心理利己主义），同时在理性上也更倾向于伦理利己主义。

三个概念

此处仍有一个问题悬而未决：怎样才能对伦理学下一个最好的定义。传统意义上，功利主义、康德主义和亚里士多德学派都给出了对伦理学的定义。那么我们就来逐一评估一下。

功利主义伦理学要求我们总是选择那些对所涉及的每个人都能达到最好结果的行为或者社会政策。我们通过它们是否会推崇美国前副总统切尼所青睐的刑罚或者奥萨马·本·拉登所崇尚的恐怖主义，来对这一观点做一次彻查。我们发现，鉴于几乎总有其他方式能获得预期的结果而无需使用这种令人憎恶的方式，或者因为这些方式本身都无法满足"应该"蕴涵"能够"原则的扩展原则，而该原则是对功利主义伦理学的要求进行了内部约束，因此它几乎无法为这些行为提供正当理由。

康德伦理学要求我们询问自己，如果现实中每个人都照此行事会怎样，以此来测试我们的行为，然后摒弃那些不太能够普适化的行为。我们通过将其运用到不同的、能够恪守承诺的可能规则中，并且认识到需要将其在道德上适当的免责条款融入这一测试中。正如在功利主义伦理学所举的事例中所展现的，将康德伦理学视为对"应该"蕴涵"能够"原则的扩展原则的内部限制，是有道理的。

亚里士多德伦理学通过有德行的生活对道德规范进行详细阐释，同时又对为了下一步成为一个更有德行的人在个人发展的某个特定阶段应该做的事情，作了进一步阐述。我们认为安·兰德对亚里士多德伦理学的解读，是要求我们将自私当作一种美德。我们发现兰德的论点，即人们的理性利益之间并无冲突，这需要用来支持其自我中心的伦理观点，却与她自己小说中主要人物的生活，尤其是大反派埃斯沃斯·托黑的生活相互矛盾。此外，一旦无冲突论点被人唾弃，人们将会明白，正如功利主义伦理学和康德伦理学一样，亚里士多德伦理学中的利益冲突也可以用"应该"蕴涵"能够"原则的扩展原则来加以解决。

正如我们在章间小结部分所指出的，考虑到功利主义伦理学、康德伦理学和亚里士多德伦理学都做了明确规定，以使得它们在道德上站得住脚，包括受到"应该"蕴涵"能够"原则的扩展原则的限制，没有什么理由相信它们会不支持同样的实际需求。

另外三个质疑

仍然还存在一个问题。正如我们所看到的，传统伦理学，不管是功利主义伦理学、康德伦理学还是亚里士多德伦理学，本身就是因为在道德上有缺陷而遭到质疑。这些质疑来自环境主义、女性主义和多元文化主义，而如果我们想运用传统伦理学帮助我们做出合乎情理的伦理选择，就要尽力去满足这些质疑。

环境主义质疑的是，传统伦理学对非人类生命体存在偏见。

彼得·辛格发展了功利主义伦理学，汤姆·里根发展了康德主义伦理学，由保罗·泰勒所创立的理论则更具普遍意义，在道德上更经得起质疑，其生物中心论观点要求传统伦理学将所有非人类生命体的利益纳入考量范畴。有人认为，为了更好地回应这一质疑，将所有非人类生命体的利益纳入考量，传统伦理学需要同意一套冲突解决的原则，为了最大限度地解决这些冲突，这一原则要在人类和非人类生命体之间的利益冲突之间作出适当的权衡。

女性主义质疑传统伦理学对男性的偏爱，这一偏重被约翰·罗尔斯的正义论放大了，因其对女性的利益失之考量。而康德伦理学、功利主义伦理学和亚里士多德伦理学在阐述其心目中理想的道德人物时，也都没能对女性利益给予足够的考量。然而这一失误也不是不可纠正。传统伦理学可以运用其正义理论和道德上的理想人物来构建一个合理的家庭结构，以及来捍卫一个理想的雌雄同体的道德形象。这一形象身上拥有所有真正理想的特征，而且对于男性和女性来说，都是有希望可以获至的一种境界。

多元文化主义认为，西方文化对东方伦理存在偏见和歧视。其中心诉求为，如果西方道德理想是无懈可击的，它们必须能够经得起与其他道德理想人物之间的比较评价，包括非西方的人物在内。然而遗憾的是，传统伦理学简单地忽略了这类比较评价的必要性，只是满足于在西方理想道德人物之间进行比较，通常是前面几个章节中提到的功利主义、康德和亚里士多德视角。我们进而能够通过援引美洲印第安文化、孔子儒家伦理学、被称为"美国大屠杀"的那段历史、胡志明和越战、美国入侵伊拉克和萨达姆·侯赛因政府垮台等案例，来证明非西方文明能够为当代伦理学理论的完善提供有益的借鉴。

这样一来，传统伦理学，不论是功利主义伦理学、康德伦理学和亚里士多德伦理学，如果加以适当修改，可以被证明是能够应对来自女性主义、环境主义和多元文化主义的质疑，因此我们在面对生活中的伦理选择时，它们能够帮助我们做出更好的选择。

伦理实践

但是如何将其付诸实践呢？思考那些你肯定经常会碰到，需要你采取立场的一系列道德问题：

1. 收入和财富分配；

2. 酷刑和恐怖主义；

3. 堕胎和安乐死；

4. 基因工程；

5. 同性恋问题；

6. 工作和家庭责任；

7. 女性和男性角色；

8. 平权举措；

9. 色情文学；

10.性骚扰;

11.刑罚;

12.战争和人道主义干预。

现在对于这其中的每一个问题，让我们看一下本书的内容可以帮你怎样面对吧。

问题 1

在"引言"中，当考虑到美国印第安人保留地的贫困率几乎是美国的 4 倍，而在南达科他州的松树岭保留地，情形甚至是更糟，因此我们首次提到了收入和财富的分配问题。在"中间总结"部分我们还注意到，考虑到它们都给出了最有道德说服力的解释，就如同处理其他问题一样，没有理由认为它们会不支持这一道德问题的相同解决方案。因此，为解决这一特殊问题，我们尤其需要考虑到社会中的贫富差别，以及穷人与富人之间的利益冲突。在拿出一个合情合理的解决方案之前，我们需要更多有关穷人和富人的数据，以及需要掌握社会中可以利用的经济资源数量。利用所有信息和我们可自由支配的共同道德框架，那我们离找到最终合理地解决这个问题的方案就不远了。

如果将收入与财富问题扩展到世界领域，我们甚至依然离找到解决方案也不会太远了。这是因为，即使在更为广阔的背景下，该问题的核心依然是贫富之间的利益冲突问题。毫无疑问，为了给这一问题找到一个合适的解决方案，肯定还需要掌握更多的信息，了解世界范围内可利用的经济资源。但是即使只拥有部分信息，对于一个在道德上站得住脚的方案应该是什么样子，我们也未必没有自己的直觉和判断。

问题 2

就酷刑和恐怖主义这些道德问题而言，第四章中所讨论的内容或许是最为相关的。为了恰当地解决这一问题，会再次需要更多的信息和论据。然而，似乎相当清楚的一点是，如果曾经有过的话，鉴于总是会有其他方法，无需诉诸刑罚就可以获得想要的结果，刑罚和恐怖行为是不合乎道德的。此外，这些手段肯定不太能够满足"应该"蕴涵"能够"原则的扩展原则，这一原则不仅是对功利主义伦理学进行了内部约束，还包括康德伦理学和亚里士多德伦理学。然而应该会有例外，这也就是为什么要以西方和非西方视角对这一问题进行仔细的审视和观照。

问题 3、4、5

很显然，如果想要对这些问题加以清晰阐述并提出解决方案的话，在相关信息都具备、有可行性的其他选择方案的情况下，堕胎、安乐死、基因工程和男女同性恋问题，每一个都需要给予特殊的讨论。然而，本书确实能够在这些讨论中给我们提供很多重要的帮助。这些特殊问题的每个解决方案及其实施，都要有足够的理由使其能够为人所接受。这是因为，正如我们在第一章中所讨论的那样，不能强制性地要求那些不理解的人们去遵守伦理规范，这是不合乎情理的，也不能想当然认为他们应该遵守这些规范。如果一个伦理学理论想要合理正当地推行他们的规范，他们应该有足够的理由让那些被要求遵守这些规范的人可以接受。这就意味着，伦理学不能像宗教，它必须是世俗的，因为只有世俗的理由才能被所有人所接受，而宗教因素主要只是被信奉该教的信徒所接受。因此，在涉及堕胎、安乐死、基因工程和男女同性恋问题上，就无法为实施道德的基本要求，或者涉及实施道德基本要求的任何其他问题提供所需要的正当理由。

问题 6、7

第八章详细探讨了与女性主义对传统伦理学的质疑相关的工作和家庭责任，以及男性和女性的角色分工和性格特质问题。为了充分解决这些问题，当然也需要更多的讯息和论据。但是我们也注意到，在传统伦理学领域，这是一个被忽略了的话题，因此，如果想要应对来自女性主义的质疑，就必须要对这一点加以弥补。然而，我们也要意识到解决这些问题的适当方案的大方向。因此，为了应对第一个问题，似乎就要对什么是合理的家庭结构加以论述，而要解决第二个问题，似乎我们就需要朝着一个既定目标前进，这个目标应该是一个拥有所有真正理想特征的道德人物，而其特质应该是男女两性均能够获至的。

问题 8、9、10

在讨论平权举措、色情文学和性骚扰解决方案的时候，本书提供了会导致相同实际需求的其他道德方案，这是有所裨益的；但是如果要为每项问题都找到合适的道德解决方案，仍然需要做大量的工作。

比如说，各种不同形式的平权举措——扩大服务范围、补救措施和多样性——有各种不同的理由，甚至平权举措那些最严苛的批判者们，比如卡尔·科亨（Carl Cohen），也并非反对所有这些形式。因此，在我们能够恰当地解决这一问题之前，我们需要对平权措施的各种形式以及它们提出的理由多一些了解。

同样，色情文学也有各种形式。露骨的和隐晦的性描写之间的区别已经得到了广泛认同，但是女性主义批评家们仍试着将色情文学与她们称之为"情色文学"的内容之间作出区分，将其定义为她们所赞许的"基于平等的色情材料"。因此，在我们能够为这一问题找到一个道德上站得住脚的解决方案之前，我们应该再次把这些复杂因素都考虑在内。

就有关什么是性骚扰这一问题，一直存在很大争议和分歧。思考如下案例。一位女性抱怨在她工作的地方，悬挂着很多裸体和衣着暴露的女性的图片（其中有一副挂在墙上达 8 年之久，上面是一位女性，其胸上放着一个高尔夫球，一位男性拿着一只高尔夫球杆站在她身旁，并大声喊着："让开！"），并且她的一位主管,尽管屡遭投诉却依然不自律,通常会称呼女同事"婊子"、"娼妇"、"傻妞"和"讨厌鬼"等。这算不算性骚扰呢?我相信,大多数人认为这算性骚扰,但是法庭判定,这个环境敌意不够,并不足以构成性骚扰!因此,为了确定何为性骚扰以及如何防止性骚扰方面,我们肯定还需要考虑一系列相关的案例。

因此,就有关平权举措、色情文学和性骚扰方面,本书确为解决问题提供了一个有用的道德框架;但是就每个问题如何应对而言,很明显还需要一些额外的资源和材料。

问题 11

起初,讨论社会中的刑罚问题看起来非常直接。似乎我们所需要做的就是决定谁需要对什么罪行负责,然后决定对其施以什么样的刑罚。当然,我们还需要收集社会中的犯罪数据以及通常会对该罪行施加的刑罚。但尽管如此,我们看起来似乎还可以判断刑罚合适与否。

遗憾的是,这样一来会有一个严重的问题。因为社会上很多犯罪问题都是财产犯罪:比如有个人叫安娜,她拿了别人的财物,比如说是佩德罗的,他对安娜拿走的财物拥有合法财产权。但是如果这种财产分配,也就几乎是收入和财富分配,是不公平的呢?那么假设安娜从佩德罗那里拿走的东西,在一个公平正义的社会中就应该是属于她的,但是在她和佩德罗所生活的不公正的社会中，她却无法合法拥有。

那么，对于她在一个公平正义的社会中合理合法的行为，在不公平的社会中的人要怎样对安娜施以合法的惩处？似乎是不能。这样一来，我们可以看到至少在财产犯罪方面，一个社会中对刑罚的道德合理性解释取决于该社会中的财产分配（或者收入和财富分配）是否在道德上有合理性。刑事司法体系的道德合理性，至少在财产方面取决于公平分配体系，因其决定了谁才能合法地拥有财产。如果公平分配体系缺少道德合理性，那么刑事司法体系也将如此。很明显，将其与收入和财富的适当分配问题相结合，这是解决刑罚问题的一个有用的和具有挑战性的方式；而本书确实能带你在解决该问题的方向上更进一步。

问题 12

第九章中提到的多元文化主义对传统伦理学的质疑，或许最有可能用来解决战争和人道主义干预的道德问题。在第九章提到的美国例子中，在不同历史时期，美国政府在西方文化偏见的推波助澜之下，向美洲印第安人、胡志明领导下的北越人、萨达姆领导之下的伊拉克人发动了战争。在每个案例中，文化偏见导致了严重的道德失误。然后，有关战争和人道主义干预问题，本书给出的主要建议是，西方列强尤其需要更加小心，将来他们的文化偏见才不至于将他们重新带入战争的泥潭，而且这是极为不道德的。

总结

如果对这 12 个道德问题的调查之后发现，本书确实为你提供了很多有益的建议，能够帮助你解决这些以及其他道德问题。这就是本书的目的所在。

或许你还需要其他帮助。那么，通过《心灵三问》一书，再加上一部伦理学读本，可以为你提供额外的数据和论点，能够帮助你解决这其中的每一个问题以及其他实际问题。如果你发现《心灵三问》对你有所帮助的话，在你所学知识的基础上，一部伦理学读本则能够为你提供额外的资源。这些阅读所形成的合力，能够帮你提升你的能力，以期更好地解决我们这个时代中你所面临的道德问题。

　　杨绛先生在其 96 岁高龄时创作的《走在人生边上》一书中提到，"我正站在人生的边缘上，向后看看，也向前看看。向后看，我已经活了一辈子，人生一世，为的是什么呢？我要探索人生的价值"。可见，寻找生命的意义、探索人生的价值是人类生活的出发点和归宿，提高生活质量就意味着善于寻找并提升生活的意义，这也是伦理学研究的主旨所在。

　　人以理性开创了不同于其他动物的、属于人的历史，道德是人类共同生活的行为准则和规范，存在于人类的心理、意识、行为以及社会生活的各个层面，是人类社会中一类极为广泛的现象。伦理学将道德现象从人类的实际活动中抽分开来，探讨道德的本质、起源和发展、道德水平同物质生活水平之间的关系、道德的最高原则和道德评价的标准、道德规范体系、道德的教育和修养、人生的意义、人的价值、生活态度等问题。其中最重要的是道德与经济利益、物质生活的关系、个人利益与整体利益的关系问题。对这些问题的不同回答，形成了不同的甚至相互对立的伦理学派别。本书作者以历史发展进程为线索，简明地阐述了亚里士多德、康德、罗尔斯等哲学家的伦理思想及现代西方的主要伦理流派：神命论、道德相对主义、利己主义、功利主义、环境保护主义和女权主义等。在对西方伦理学理论流派进行梳理的同时，作者也在当代道德哲学及多元主义语境下对孔子的儒家伦理学作了回顾。孔子在《论语》中提及了东方伦理思想体系的内核：一是倡导"仁者爱人"，"仁"是中华传统美德的核心，是人生追求的最高道德境界；二是倡导人要"立于礼"，理性是道德行为的动力，要在"学礼"中成为人。

　　道德不是发生在抽象观念中，而是每个人在具体境遇中的行为选择，因为伦理规范、内容也往往是通过个体行为即道德形式、道德心理来实现的。因此作者将伦理学的理论探讨和生活中面临的一些重大现实和历史问题联系起来，在剖析当前现实生活中一个个鲜活的案例的过程中，灵活运用现代哲学史上著名思想家所阐述的伦理理论，娓娓道来，又鞭辟入里。

　　我们正处于一个前所未有的、激变的时代。经济全球化、互联网产业、科技革命……整个社会发生了翻天覆地的变化。但是随着社会物质生活的进步，一个普遍的共识却是我们时代的道德正在滑坡。由于社会的日益多元化、复杂化，我们面临着越来越多的道德困境，面对一些越来越难以抉择的伦理问题。但我们的社会需要伦理道德确是无疑的，很难想象一个没有道德的人类社会，一个没有信任、善良、公正，只有弱肉强食、丛林法则的人类社会。每个人都有权利选择自己的生活方式，但唯有善的（道德的）生活才能让我们的灵魂更加完善，让我们获得幸福。

从神祇到人类，从人类到万物，从工具到目的，从私利到公德……翻译本书的过程，也是一次对心灵进行洗礼的过程。在此，我要感谢为我提供这个宝贵机会的中国人民大学出版社，感谢各位编辑的辛苦工作。在此书的编译过程中，我的两位良师冯源源教授和杨靖老师，我的两位挚友李环博士和王晶博士，都给予了我很多有益的启示；我的两位好友兼同事张慧萍和吕荣侠，在图书及资料查找方面给予了很多无私帮助。在此，我对他们所有人表示衷心的感谢。

李楠

北京阅想时代文化发展有限责任公司为中国人民大学出版社有限公司下属的商业新知事业部，致力于经管类优秀出版物（外版书为主）的策划及出版，主要涉及经济管理、金融、投资理财、心理学、成功励志、生活等出版领域，下设"阅想·商业"、"阅想·财富"、"阅想·新知"、"阅想·心理"以及"阅想·生活"等多条产品线。致力于为国内商业人士提供涵盖最先进、最前沿的管理理念和思想的专业类图书和趋势类图书，同时也为满足商业人士的内心诉求，打造一系列提倡心理和生活健康的心理学图书和生活管理类图书。

 阅想·人文

《优雅的辩论：关于 15 个社会热点问题的激辩》

- 作者沃勒仍旧使用其作品《咖啡与哲学》特有的对话体编写方式，以引人入胜的文字将多方观点和盘托出。
- 在《优雅的辩论：关于 15 个社会热点问题的激辩》的开篇犀利地提出"为什么辩论会会变成谩骂？"之后，逐渐带领读者以优雅适宜的心态去倾听各方观点。
- 书中阐述了关于 15 个主要的热点社会话题的辩论，站在批判性思维的角度去看待这些辩论，没有黑白和对错，留给人们的只有反思，和欣然去聆听和接受不同观点的辩论。

 阅想·心理

《这才是心理学：看穿伪心理学的本质（第 10 版）》

- 首版于 1983 年，畅销 20 余年的心理学经典著作；
- 科学松鼠会推荐的心理学最佳入门书籍；
- 不仅适合于心理学专业的学生，其通俗易读性也非常适合所有对心理学感兴趣的读者，它将帮助你纠正对心理学的种种误解，学会独立地评估心理学信息，用科学的精神和方法理解自己和他人的行为。

图书在版编目（CIP）数据

心灵三问：伦理学与生活 /（美）斯特巴著；李楠译 . —北京：中国人民大学出版社，2015.9

ISBN 978-7-300-21893-9

Ⅰ.①心… Ⅱ.①斯… ②李… Ⅲ.①伦理学—通俗读物 Ⅳ.① B82-49

中国版本图书馆 CIP 数据核字（2015）第 213045 号

心灵三问：伦理学与生活

【美】詹姆斯·斯特巴　著

李　楠　译

Xinling Sanwen: Lunlixue yu Shenghuo

出版发行	中国人民大学出版社	
社　　址	北京中关村大街31号	**邮政编码**　100080
电　　话	010-62511242（总编室）	010-62511770（质管部）
	010-82501766（邮购部）	010-62514148（门市部）
	010-62515195（发行公司）	010-62515275（盗版举报）
网　　址	http://www.crup.com.cn	
	http://www.ttrnet.com（人大教研网）	
经　　销	新华书店	
印　　刷	北京中印联印务有限公司	
规　　格	145 mm × 210 mm　32 开本	**版　次**　2015 年 11 月第 1 版
印　　张	7.875　插页 1	**印　次**　2015 年 11 月第 1 次印刷
字　　数	160 000	**定　价**　49.00 元